動物たちは何をしゃべっているのか?

山極 寿一
鈴木 俊貴

集英社

動物たちは
何をしゃべって
いるのか？

まえがき

本書は鳥になった研究者とゴリラになった研究者が、言語の進化と未来について語り合った記録である。

鳥になった研究者とは、このまえがきを担当する私（鈴木俊貴）のことだ。シジュウカラという野鳥を対象に、鳴き声の意味や役割について、17年以上かけて調べてきた。長いと年に8カ月もの間、長野県の森にこもり、日の出から日没までシジュウカラを観察する。彼らの鳴き声を録音し、その意味を確かめるため、さまざまな分析や実験を行っていくのである。

そうした生活を続けるなかで、シジュウカラが何を考え、どのように世界を見てい

この対談は2022年9月、12月に行われた。写真左が鈴木さん、右が山極さん。

るのか、想像できるようになっていた。今では空を飛ぶタカも地を這うヘビもシジュウカラに教えてもらう。鳴き声を聞くだけで、瞬時に意味が飛び込んでくるのである。

ゴリラになった研究者とは、対談相手の山極寿一さん。ご存知の方も多いだろうが、京都大学の元総長で、ゴリラ研究の世界的な権威である。

山極さんは20代の頃からゴリラの群れに加わり、長い歳月をかけて彼らの行動や暮らし、社会の成り立ちを研究してきた。すでに出版されている多くの書籍からも自明なように、アフリカの熱帯雨林で人間よりも体の大きなゴリラを研究することは、決して簡単なことではない。日本のように安全で便利な暮らしが保障されるわけではないし、異国の文化や風習にも馴染む必要が出てくる。そして最も大切なのは、ゴリラとの距離感だろう。ゴリラの群れに密着し、近くで観察するためには、彼らが何を考えているのか察する力が肝要だ。同時に、ゴリラ側にも研究者が危険な存在ではないことを理解してもらう必要がある。これは、シジュウカラの研究とは大きく異なる点だろう。

それにもかかわらず、私は山極さんに対してシンパシーを感じていた。この対談が実現するまでお会いする機会はなかったが、山極さんの著書はいくつも読んでいた。そのなかで、対象動物になりきって彼らの世界を知ろうとするその姿勢が、驚くほどに自分と似ていると感じていたのだ。

この印象が正しかったと確信したのは、山極先生の最終講義（退職講演）。2020年9月25日にオンラインで開催されたが、京都大学の総長を務めてきたにもかかわらず、大学運営のことに関しては一切触れず、ゴリラのことだけを終始語り続けた姿が印象的だった。

ゴリラの世界を知り、ゴリラになった山極さんだからこそ、人間社会に伝えたいことが山ほどあるに違いない。私もシジュウカラを研究し、彼らの豊かな世界を知り得たからこそ、見えてきたことがたくさんある。

2022年9月12日。私は京都市北区の山中にある総合地球環境学研究所を訪ねた。山極さんは京都大学を退職後、本研究所で所長を務めている。少々緊張気味に所長室に入り、山極さんに挨拶をしたところ、「いつもテレビで拝見しています」とにこやかに声をかけていただいた。そして、私の研究内容をスラスラと説明し始めたかと思うと、「鳥に文法があるなんて、すごい発見だ！」と褒めてくださった。

私自身、シジュウカラの研究を進めるうちに言語の進化に興味を持ち、類人猿の鳴き声の研究にも注視していたが、山極さんも同様に、言語の起源に興味を持ち、シジュウカラの研究を知っていたのだ。シジュウカラとゴリラという姿形のまったく異なる動物を研究する2人であるが、実は「言語」というキーワードでつながっていたのである。

対談は、シジュウカラの世界とゴリラの世界を共有することから始まった。シジュウカラの鳴き声にも単語や文法が存在すること、ゴリラを含む類人猿には、人間の言語の起源をひもとくヒントが隠されていることなど、対談は大いに盛り上がった。自分の好きなシジュウカラのことを夢中で話しているうちに、私の緊張はすっかりほぐれ、研究で気付いたことや新たな学問の可能性などを熱く語っていた。言語は骨格などと異なり化石に残るものではない。それゆえ、進化の道筋を解き明かすのは簡単なことではないが、私たちに近い動物である類人猿をよく知る山極さんの言語進化論には「なるほどなぁ」と納得する部分が多々あった。

2022年12月16日。本書のための最後の対談を終え、ふと気付いたことがある。それは、身分も年齢も研究のキャリアも大きく離れた山極さんが、終始一貫して、私と対等に議論してくれていたことだ。これは、山極さんが私の考えを尊重した上で、ご自身の主張を伝えてくださったからだろう。

ゴリラも相手に勝とうとしない社会関係を築くという。対等な関係性を大切に接してくださる山極さんは、まさにゴリラのような人なのだ。ひょっとしたら山極さんもおしゃべりな私のことをシジュウカラのような人だと思っていたのかもしれない。

当初は動物たちの言葉をテーマに対談する予定だったが、話はどんどん展開し、現代社会の問題や目指すべき未来像にまで議論は及んだ。動物研究の最先端をご紹介するだけでなく、鳥やゴリラの立場から言語をキーワードに人間社会を俯瞰するユニークな本に仕上がっていると思う。本書が、言語とは何なのか、人間とはどのような動物なのか、そして真の豊かさとはどのようなことなのかを考えるきっかけになれば幸いである。

鈴木俊貴

目次

◆言葉と感情
◆リズムと共感
◆文法も適応によって生まれた

Part 2

動物たちの心

◆音楽、ダンス、言葉
◆タイタスの思い出
◆シジュウカラの言葉にも文法があった
◆ルー大柴がヒントになった
◆とどめの一押し「併合」
◆言葉の進化と文化

◆鳥とたもとを分かったヒト
◆文字からこぼれ落ちるもの
◆ヒトの脳は縮んでいる
◆分ける言葉、つなぐ言葉
◆動物はストーリーを持たない？
◆Twitterが炎上する理由
◆言葉では表現できないこと
◆共感がいらない契約
◆無力な現代人
◆ヒトにとっての適切な距離
◆バーチャルがリアルを侵す
◆現代のパラドックス
◆新たな社交
◆動物研究からヒトの本性が見えてくる

Part 1

おしゃべりな動物たち

動物たちはおしゃべりだった

山極寿一（**以下山極**）鈴木さん、総合地球環境学研究所までようこそ。ここには私が専門とするゴリラこそいないけれど、鈴木さんのご専門である鳥はたくさんいます。ほら、あそこにも……。

鈴木俊貴（**以下鈴木**）たしかに緑豊かですね。鳥もたくさんいて。あの木にいるのはエナガですね。10羽ほどいるでしょうか。

山極　鳴いているね。なんと言っているのか、わかりますか？

鈴木　今の「ジュリリ」と聞こえる声は、群れをまとめるための声。無理やり日本語にすると「みんな近くにいてね」って感じでしょうか。

山極　さすが！　今日は、史上はじめての「鳥とゴリラの異種対談」ということで、楽しみにしていたんです。

鈴木　あ！　今聞こえた「チュリリリ」という声は、危険を知らせる声。こういう時は空を見ると……ほら、オオタカが飛んでいますよ！

山極　本当ですね。

鈴木　すみません。鳥の声が耳に入るとつい彼らの世界に入り込んでしまうんですよね。今日の目的は対談でした。

山極　いいんです。ところで、鈴木さんはいつ、鳥たちの「言葉」に気付いたんですか？

シジュウカラは全長14cmほどの小鳥。
日本では山間地を中心に全国的に分布する。
鈴木さんが研究対象としている鳥だ。

鈴木　高校生のころから野鳥観察が好きだったんですけど、20代の前半だったかな、長野県の森で、シジュウカラの鳴き声がとても多様なことに気付いたんですよ。

シジュウカラは小さい鳥だからヘビやタカを警戒しないといけないんですが、見つけた天敵の種類によって鳴き声が違うんですね。ヘビなら「ジャージャー」、タカなら「ヒヒヒ」という風に。

つまり、**単に警戒の鳴き声を発しているだけじゃない**んです。

シジュウカラは天敵に応じて異なる警戒音を発する。
タカに対しては「ヒヒヒ」、ヘビに対しては「ジャージャー」と鳴く。

山極　シジュウカラは「ヘビ」や「タカ」を指し示す言葉を持っているんですね。

鈴木　はい。というのも、天敵によって対処法が違うからです。タカが来たら隠れればいいけれど、アオダイショウが木を登ってきているのにじっとしていたら食べられてしまう。だから天敵の種類も伝えるんです。

山極　なるほど。私の専門である霊長類だと、たとえばサバンナに住むサバンナモンキーたちも、同じように、見つけた天敵によって異なる鳴き声を発します。彼らの天敵はヒョウとヘビとワシなんだけれど、やっぱり相手によって逃げるべき場所が違うから。

鈴木　サバンナモンキーの研究は有名です

よね。動物は危険に関する情報にはとても敏感です。

山極　危険情報だけでなく、動物たちは、鳴き声で盛んにコミュニケーションをとっています。たとえばゴリラと同じ霊長類のチンパンジーは、食べ物を見つけると「フート」[*1]と呼ばれる大声を出します。「ウーホッ、ウーホッ」って鳴くんですね。す

サバンナモンキーはサハラ砂漠以南に生息する、オナガザル科の霊長類。複数の個体で群れをなす。オスの睾丸はスカイブルー。

コガラはシジュウカラと一緒に群れを作ることがある。見た目は似ているが、シジュウカラについている胸の黒い模様がない。

***1【フート】**チンパンジーの鳴き声で、フーホーフーホーという短い高音を発する。この声は個体ごとに異なる。

ると、「お、あいつ食べ物を見つけたな」と仲間が寄ってくる。

鈴木　食べ物に関する鳴き声は多いですね。ワタリガラス[*2]も動物の死骸（食べ物）を見つけたときに特別な声を出すそうです。シジュウカラの仲間のコガラも、エサを見つけたときに「ディーディー」という声で仲間を呼びますよ。

山極　群れの秩序維持のためにも、鳴き声は使われます。ニホンザル[*3]なんかは森の中で「クー」とお互いに鳴きかわしますが、これは見通しの悪い場所で、誰がどこにいるのかを把握するため。

　というのも、個体ごとに声質は違いますからね。無理やり人間の言葉にすると「私はここにいるけれど、あなたはどこ？」という感じかな。そうやって群れを維持するんです。

鈴木　コンタクト・コールといわれるものですね。僕が研究しているシジュウカラや近い仲間も、もちろんそうした鳴き声をもっています。群れを作る動物では、分類群が違っていても共通点が多いのかもしれません。

***2【ワタリガラス】**カラス科の最大種で、全長58〜69㎝ほど。知能が高いことで知られる。その名は渡り鳥として北海道で見られることに由来。

***3【ニホンザル】**オナガザル科の霊長類で、体長は50〜70㎝ほど。10〜100ほどの個体で群れを作る。実はヒト以外で日本に生息する唯一の霊長類。

動物たちも会話する

鈴木　山極さんがずっと研究されてきたゴリラについても、言葉の力に関する研究は多いですよね。面白いエピソードだと、手話を教える試みが１９７０年代にいくつかありました。

ローランドゴリラのココは、アメリカの心理学者のペニー・パターソンの研究の一環で手話を教えられた。2000種以上の手話を解し、そのうちの600種類を日常的に使っていたという。

山極　手話だと、有名なのは「ココ」っていう、１９７１年に生まれたメスのローランドゴリラかな。
　彼女は子どものころから心理学者にアメリカの手話を教えてもらって育ったんだけど、２０００を超える単語を使いこなしたとも言われています。水が飲みたいときに「ココ、水」と言ったり、単語どうしを組み合わせて短い文章も作れたらしい。

鈴木　すごい。人間でも2000を超える手話を覚えるのは簡単なことではないですよね。

山極　さらに面白い話もあってね。ココにも相棒が必要だということになって、カメルーンで野生のまま捕らえられたマイケルという幼いオスのゴリラに、やっぱり手話を教えたんです。ココと手話で話してもらおうとしたからなんだけど、それには失敗します。ゴリラどうしは手話ではなく、ゴリラの言葉で話してしまうから。

鈴木　なるほど。まあ、考えてみたら当たり前ですよね（笑）

山極　でも、すごいのはその後なんです。**手話を覚えたマイケルが、捕らえられたときの様子を飼育員に手話で語り始めた**んですよ。

「ボクは群れで暮らしていたんだけど、お母さんは密猟者に首を切られて殺されて、ボクは手足を縛られて、棒にぶら下げられて連れてこられたんだ」って。

鈴木　すごい！

ミツバチの振動言語

鈴木　話すのは鳥や霊長類だけではないですよね。忘れてはいけないのが、ミツバチが仲間に、蜜を持つ花の位置を教えるためのダンス。あれは「ダンス」と言われますが、真っ暗な巣の中で、腹部の振動でエサの位置を知らせるものですから、一種の言葉なんです。他のハチも、ダンスをしているハチのお腹に触角を当てたりして、振動で情報を得ます。

山極　カール・フォン・フリッシュ[*4]の研究が有名ですね。

鈴木　ええ。その後も研究は進み、

ミツバチはエサ場を見つけると、
巣に戻って8の字を描くようにダンスする。
ダンスの回数はエサ場が近いほど
多くなり、ダンスに含まれる
直進運動によってエサ場の方向を示す。

＊4 **【カール・フォン・フリッシュ】** オーストリアの動物行動学者（1886-1982年）。1973年にノーベル生理学・医学賞を受賞した、動物行動学の草分け的存在。

ミツバチにとって危険な生き物であるスズメバチの情報もダンスで伝えられていると言われています。

大事なのは、**エサの位置という情報を、その情報とまったく関係のないダンスや振動で伝えている**点ですね。これは、赤くて甘酸っぱい果物を、全然無関係の「リンゴ」という音で表現している僕ら人間の言語に似ているのかもしれません。

山極　たしかにそうですね。

鈴木　ただし、ミツバチが僕たちと同じように、エサやその場所をイメージしているかどうかはわかりません。でも僕は、この後お話しするように、鳥が話している対象のイメージを持っているかどうかも実験で確かめました。

山極　興味深いですね。

鈴木　人間の特権だと思われがちな道具の使用も、色々な動物で見つかっています。

街中で見かけるハシブトガラスに対し、
写真のハシボソガラスは
農耕地や田園地帯に棲息する。
名前の通りくちばしが細い。

ニューカレドニアガラスは針金の先を曲げてカギづめ状にしてエサの芋虫などを穴から引っ張り出しますし、日本の東北のハシボソガラスは、道路を走る自動車にクルミの実を踏ませて、出てきた中身を食べますよね。

ミヤマガラスを使ったこんな実験もあります。

くちばしがギリギリ入るくらいの細長い透明の筒に水を入れて、そこにエサの虫を浮かべます。でも、筒の入口からくちばしを入れても届かないんですね。

するとミヤマガラスは、驚くことにそばにある石を水の中に入れて水位を上げ、エサを手に入れる。カラスも色々と考えているんですよ。

人間が手に入れたもの、失ったもの

山極　動物も、人間の言葉のようなアウトプットの手法がないだけで、仲間との会話や思考はあるのかもしれない。動物の心や思考は豊かなんです。

ところが、それはあまり知られてこなかった。理由の一つは、人間こそが動物の頂点であり、他の動物たちはもっと下等な存在であるというヨーロッパ的な思い込みがあったから。

鈴木　本当にそうですよね。今までも動物の言葉や心理についての研究はありましたけれど、どれも「動物はどれだけ人間に近づけているか」、つまり僕ら人間を基準として、それよりも劣る動物たちの能力はどの程度かを調べるものばかりだったと思うんです。いわば、人間との差分を測るスタイルです。

山極　なるほど、たしかに。

鈴木　でも、その逆だってありえると思うんです。**動物にできてヒトにできないことも山ほどある**わけですから。

チーターがヒトより速く走れるとか、犬の鼻はヒトより利くとか、動物のほうが肉体的に優れている場合があることに関してはよく知られていますよね。

でも、**認知能力も同じ**なんです。コウモリは超音波で空間の様子を把握できるし、[*5] チンパンジーが、ヒトより優れた短期記憶能力を持っていることは有名ですよね。

山極　そう、それこそが重要なんだ。人間はやっぱりスゴイね、と喜んでいる時代はもう終わりで、逆に動物の側に立つと、人間にはできていないことがたくさんある。

鈴木　そうなんですよ。

ノスリというタカはエサであるネズミのオシッコが「見える」し、鳥も地磁気を感

＊5 **【コウモリは超音波で空間の様子を把握できる】** この行動はエコーロケーション（反響定位）と呼ばれ、反響音を聞き取って物の位置を把握する。暗闇でも行動できるのはこのため。

じ取ることで、自分の位置をGPSみたいに特定できることがわかっています。どちらも、ヒトには認識できませんよね。

そういう認知力の違いは行動にも表れます。たとえば、鳥にはエサを貯蔵する「貯食」が広く見られます。ホシガラスやコガラだと、地面が雪で覆われてしまう冬に備えて木の股などにエサの種子を隠しておくんですが、隠す場所が数千カ所もあるんですね。

メモもマップアプリもなしにどうやってそんな多くの場所を覚えておくのかというと、どうも視覚的に記憶しているらしいんです。木の形や、木肌の微妙な違いを覚えられるんですね。

コガラたちがエサの場所を細かく覚えられるのは、僕たち人間が、大まかな作りは一緒である人間の顔を見分けられるのに似ているかもしれません。どちらも進化の過程で、覚えたり見分けたりする必要があるから進化し

ノスリはタカ科タカ目の鳥で、
山地の林で繁殖する。ヘビやトカゲ、昆虫の他、
ネズミやモグラも食べる。

た能力なんですね。

山極　なるほど。ちなみに、シジュウカラも貯食はするのですか？

鈴木　シジュウカラはしません。ではどうやって冬を過ごしているのかというと、コガラが蓄えたエサを取っちゃうんです。貯食はできなくても、エサの場所は覚えられるんですね。

山極　そうなんですね。いずれにしても、ヒトにはない認知能力です。

鈴木　だから僕は、一度、人間と動物という二項対立から離れて、もっと俯瞰的な視野から言葉や人間の能力とは何なのかを理解する必要があると思うんです。そこでやっと、人類が進化の過程で言葉を手に入れた意味は何なのかがわかってくる。

山極　そう。それと、言葉によって可能になったものごとは膨大にあるけれど、その代償として失ったものも大きいと思うんです。この本では、そこにも光を当てたいと考えています。

動物の言葉の研究は難しい

鈴木　動物の言葉の研究があまり進んでこなかった理由はいくつかありますが、野生環境と飼育下では振る舞いが変わることが大きいかなと思うんです。

僕は許可をとってシジュウカラを飼ったことがあるんですが、**森の中だとあれほどおしゃべりなシジュウカラも、鳥かごの中だと全然鳴かなくなる**んですよ。たまに外でさえずる別のシジュウカラの声に「自分の縄張りはここだぞ」と鳴き返すくらいで。

山極　なぜだと思いますか？

鈴木　安全でエサにも困らない飼育環境下だと、鳴く必要性が薄れるからだと思います。ここまで紹介したように、シジュウカラの言葉の多くは天敵やエサに関するものですから。動物の言葉の力を調べるには、やはり野外に行く必要があると思いますね。

山極　おっしゃる通りで、霊長類も同じなんですよ。動物園に入れると、鳴き声が必要なシチュエーションの多様性が失われるから、全然鳴かなくなってしまう。

たとえばゴリラには少なくとも20数種類の鳴き声があるんですが、動物園で聞ける

ペットとしても親しまれるブンチョウ。
全長は14㎝ほどで、
大きなくちばしと光沢のある羽根が特徴だ。

のは5種類くらいだけ。動物の言葉を研究するには、野生で調べないとだめなんです。

鈴木　やっぱり！　鳥と同じなんですね。

今まで鳴き声の研究の対象になってきた鳥は、ブンチョウとかジュウシマツとか、飼いやすい鳥が多かったんです。ですが、鳥かごの中は環境が単純すぎるから、鳥たちが本来のパフォーマンスを発揮できない。

山極　そうなんですよ。霊長類にも同じことが言えて、動物園に入れると安心しきっちゃう。

外敵もいないし。同種の仲間も、異種の仲間もいないわけです。だから、声に対する反応は相当、鈍るよね。

鈴木　だけど、野外での振る舞いを見ていると、びっくりするような知性がある。野生環境下での鳴き声の研究がもっと増えると、動物の言語が予想以上に発達していることがわかるかもしれません。

山極さんも、野生のゴリラとずっと一緒に過ごされてきましたよね。そういう環境で観察していると、まだ論文にしていないような発見も山ほどあるんじゃないですか？

山極　もちろんです。たくさんある。

鈴木　彼らの言葉や思考は、一般に思われているよりもずっと豊かなんですよね。それは、ずっと一緒にいて観察している僕らでなければ、なかなか気付けない世界なのかもしれない。それをこの本の中で伝えられたらいいなと思っています。

言葉は環境への適応によって生まれた

山極　動物たちの言葉は、どうして生まれたと思いますか？

鈴木　**環境への適応**[*6]だと思います。

適応とは、平たく言うと、言葉を使える個体のほうが使えない個体よりもよりうまく生存し、たくさん子どもを残せたということです。その結果、言葉に関係する遺伝子がその集団内で広がっていった。

＊6 **【適応】** 進化生物学で用いられる「適応」は日常的な意味とは異なり、「ある生物が生存能力や繁殖能力を向上させる性質を得ること」を指すことが多い。

逆に言うと、ある動物がどういった言葉をどれだけ持てるのかは、住む環境に左右されると思うんです。言葉を使うことが有利にならない環境に住む動物なら、言葉の遺伝子は広がらないですから。

山極　なるほどね。

鈴木　僕が主に研究しているのはシジュウカラですが、実は、鳥ならなんでもシジュウカラのように鳴き声を使い分けられるわけではないんですね。

たとえば……カラス。

カラスは九官鳥やモズといった鳴き真似が得意な鳥の仲間なので、本当は色々な声を出せるはずなんです。実際僕も、東京の駅でカラスが電車の出す音の真似をしているのを見たことがあって。

山極　電車の？

鈴木　ええ。実家の最寄り駅で電車を待っていたら、どこからか小さく「ガッタン、ゴットン」という音がするんです。「あれ？　電車はまだ来てないよな」と思ってみたら、線路の上にいるカラスが電車の音を真似て鳴いてるんですよ。それを聞いた人間がぎょっとするのを見て楽しんでいるんです（笑）

山極　カラスの遊びですね。

鈴木　それほど器用なカラスなんですが、鳴き声は6種類くらいしかないと言われています。種によって差はありますが。

山極　意外と少ないんだ。

鈴木　というのも、カラスは基本的に開けた、見通しのいい環境に住みますから、互いが目で見えるんですね。すると視覚的なディスプレイ*7でコミュニケーションがとれるから、鳴き声はあまり必要としないんじゃないかな。

　実際、ワタリガラスはくちばしを人間の指みたいに使って、対象を指し示すことが知られています。彼らは言葉よりも身振りで十分に意思疎通できるような環境に住んでいるから、あまり言葉を発達させないということですね。

山極　なるほど。

鈴木　ですが、**シジュウカラは鬱蒼《うっそう》とした見通しの悪い森に住む鳥ですから、視覚だけのコミュニケーションでは不十分。**

　だから鳴き声を、言葉を発達させたんじゃないかと思うんです。ヘビが来たとかエサがあるとか、自分の周囲で起きていることを、音声を使って詳細に伝えないといけないですから。

山極　環境への適応としてコミュニケーション手段が進化するのは、霊長類も同じです。

***7【ディスプレイ】**動物行動学の用語。動物が求愛や威嚇のために、自分の体の一部位を強調したり、あるいは大きく見せる姿勢や動作をすること。

たとえば、さっき言ったようにサバンナモンキーも、天敵がヘビか、ヒョウか、ワシかによって異なる鳴き声を出しますが、これもまったく襲い方が異なる天敵がいるという環境に適応した結果ですよね。そこまでは、シジュウカラもサバンナモンキーも同じ。

鈴木 ええ、そうですね。

山極 だけれど、違いもあります。というのも、シジュウカラは空を飛べますが、サバンナモンキーは飛べないから。

シジュウカラは敵の種類を伝えるだけでなく「集まれ」といった指示までするようですが、サバンナモンキーはしない。シジュウカラのように自由自在に動けるわけではないからです。

鈴木 そうなんですね。たしかに、鳥の場合、飛ぶ方向を示すために出す声もありますからね。

山極 だから、サバンナモンキーにとっての鳴き声は気付きを与えるだけにとどまっているんじゃないかなと思いますね。いずれにしても、環境への適応として動物のコミュニケーション手段は進化してきたわけです。

鈴木 サバンナモンキーは天敵によって違う声を出すということですが、シジュウカラほど明瞭に鳴き分けているわけではないですからね。ヘビに対する声をヒョウに出すこともあったりします。つまり、仲間に気付いてもらえれば、明確に鳴き分けなくても良いということですね。

シジュウカラの言葉の起源とは？

山極　鈴木さんの研究ですごいと思う点は他にもあって、これまでの鳥類の音声研究は主に求愛の文脈にフォーカスされていたんですね。鳴き声に限らず、ダンスやディスプレイも含めて。

ですが鈴木さんは、求愛以外について研究し、シジュウカラが鳴き声によって複雑なメッセージを伝えていることを明らかにした。

鈴木　ありがとうございます。たしかに僕は、求愛以外の文脈での音声のやりとりについて主に研究してきましたし、それがユニークな結果に結びついたと思っています。ただ、僕は、求愛についての音声とそれ以外の音声は、関係しながら進化してきた可能性もあると思うんです。

ヒトとシジュウカラでは世界の見え方はまったく違うはず。
たとえば、ヒトにとってはオオタカとトビの違いはわかりにくいが、
シジュウカラにとってその違いは死活問題だ。
こうした生存に関する重要な情報を
カテゴリー化することが言語の起源かもしれない。

山極　なるほど。

鈴木　そして、**少なくともシジュウカラについて言うと、意味を持つ鳴き声、つまり言語の起源は、生存に直結する重大な情報のカテゴリー化だ**とにらんでいます。

山極　カテゴリー化。

鈴木　ええ。彼らにとっては、「トビ」とか「オオタカ」といったカテゴリーを表現する鳴き声を持つことが大事だったんだと思う。

　僕ら人間にとっては、トビもオオタカも同じ「猛禽類」に見えてしまうかもしれませんが、シジュウカラにとっては大きな違いがあるんですよ。オオタカはシジュウカラを襲うけれど、トビは襲わないから。

山極　トビは襲わないんですね。

鈴木　ええ、そうです。トビの体が大きすぎて、うまくシジュウカラなどの小鳥を狩れないんだと思います。一方、オオタカやハイタカ、ツミなんかの猛禽類は小鳥もよく襲います。だから、オオタカとトビをカテゴリー分けする必要が生じて、鳴き声↕対象という対応関係が生まれる。

でも、カテゴリー分けされていたにしても、当初の鳴き声はオオタカへの単なる恐怖の叫び声だったかもしれない。感情を超えた意味はまだなかったと思うんです。

山極　なるほど。

鈴木　しかし、そのうち、鳴き声に意味が付け加えられていったのではないでしょうか。

たとえば、オオタカに対応する鳴き声を聞いた個体が茂みの中にいたならば、上空を警戒していればまず大丈夫。でも、開けた場所にいたなら、直ちに身を隠さないと襲われてしまいますよね。

ツミは「雀鷹」と
漢字で書くことからもわかるように、
〝日本最小のタカ〟とも呼ばれる。
全長は30㎝弱と、ハトほどの大きさしかない。

このように、聞いたのが同じ鳴き声でも、状況に応じて違う行動をとれる個体のほうが生存上、有利なわけです。ですから、そういう個体の遺伝子が増えていくにつれ、鳴き声に、感情表現にとどまらない意味が加わっていったんじゃないかと思っています。

つまり、「ヒヒヒ」はタカを示す声であると理解でき、状況によって柔軟に適切な行動をとれる個体が生き残った。そして、意味を持つ鳴き声がシジュウカラの言葉に進化したというシナリオです。

シジュウカラは言葉のイメージを持っているのか？

山極　たしかに。

ただ、鳴き声の意味については色々な議論がありますよね。先ほどサバンナモンキーが天敵によって異なる鳴き声を使い分ける話をしたけれど、それぞれの鳴き声がどういう意味を持つのかは厳密にはわかっていません。

鈴木　そうなんですよ。

最近の研究では、サバンナモンキーの警戒の鳴き声は、特定の天敵にだけ発されるわけではないことがわかっています。たとえば、他個体とのケンカの際にも、ヒョウやタカを警戒するときと同じような声を使ってしまう。つまり、聞き手のサルは、音声だけで迫り来る天敵の種類までを知ることはできないんです。

山極　そうなんですね。となると、人間の言葉とサバンナモンキーの警戒声は厳密にいうと違いますね。私たちは言葉によって明確にものを示すことができますから。

それと、人間にとっての単語はシンボルです。どういうことかというと、単語の音と指し示すものとの関係は、完全に恣意的[*8]なわけです。

鈴木　恣意的、ですか。

山極　我々人間の言葉は恣意的です。

ここに緑茶があるけれど、この緑色の飲み物と「リョクチャ」という音の結びつきには必然性はない。別に「ティー」と呼んでもいいし、実際、そう呼んでいる集団もいます。ただ、私たちの集団には「リョクチャ＝この飲み物」という恣意的なルールがある。それがシンボルということの意味です。

でも、サバンナモンキーにとっての鳴き声がシンボルになっているか、つまり恣意性を持っているかについては意見が分かれています。

*8 **【恣意的】** 言語が指し示すものと、それを表す記号の間に必然的な結びつきがないさま。言語学者ソシュールが提唱した。

鈴木　ですね。
　サバンナモンキーはヒョウが出ると「ギャッギャッ」と鳴くみたいですが、その鳴き声がヒョウを意味しているのか、あるいは、単なる恐怖心を表現しているにすぎないのか。もし後者ならシンボルとはいえない。

山極　そうそう。状況から独立した意味を持ってはおらず、状況に依存した音なのかもしれない。

鈴木　ところが、シジュウカラの鳴き声は単なる感情ではないんです。つまり、彼らは鳴き声をシンボルとして使っている。僕は実験でそのことを確かめました。

山極　それはすごい。どんな実験ですか？

鈴木　まず、実験の準備として、シジュウカラがどういう天敵に対してどういう鳴き声を出すかを調べました。ヘビやタカ、モズといった天敵の剝製を巣箱やエサ台のそばに置いて、それを見たシジュウカラの鳴き声を録音するんです。
　すると、やはり特定の天敵に対してしか出さない鳴き声があることがわかりました。たとえばヘビに対しては「ジャージャー」と鳴きます。
　次に、録音したその鳴き声をシジュウカラに聞こえるようにスピーカーから聞かせてみると、やっぱり彼らはヘビがいそうな地面を見まわしたり、茂みを確認しに行ったりするんです。

つまり、「ジャージャー」という鳴き声と、ヘビという対象が対応していることは確からしいんですね。

山極 問題は、その鳴き声がヘビのシンボルか、つまり鳴き声を聞いたシジュウカラが、ヘビをイメージしているかどうかですね。

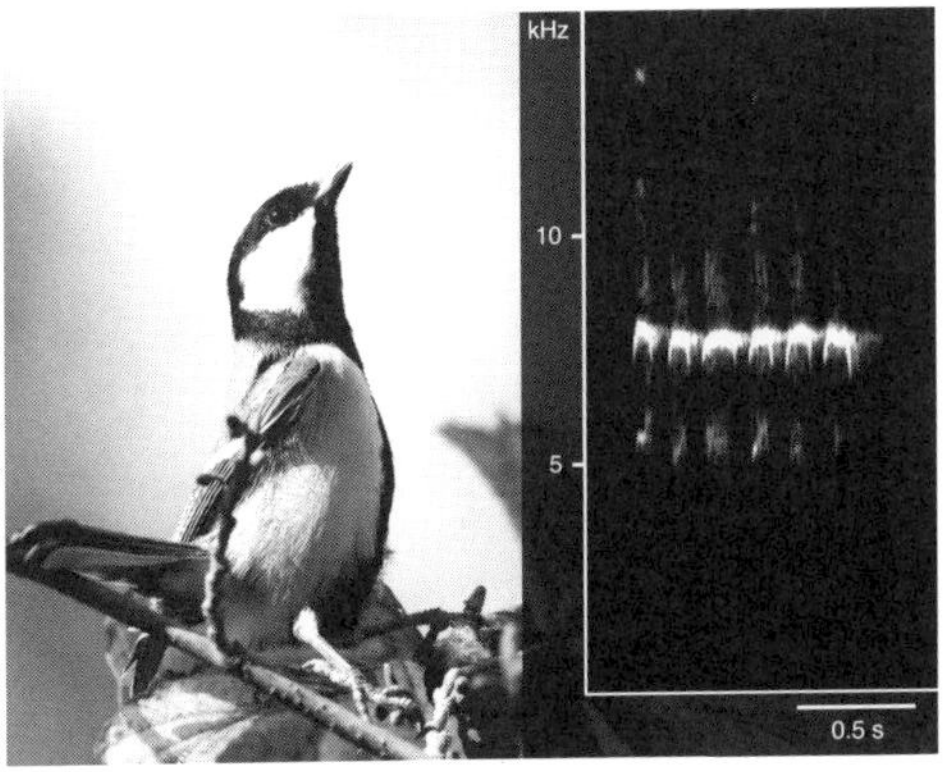

シジュウカラが鳴いている様子。右にその音声を分析したサウンドスペクトログラムを示した。上は「ヒヒヒ」(タカだ!)で、上空を警戒している。一方、下の「ジャージャー」(ヘビだ!)では地面を探している。

鈴木　そうです。

僕たち人間は「ヘビ」という音を聞くと、にょろにょろしたあの生き物を想像しますけれど、シジュウカラの脳内でも同じようにイメージが想起されているのかどうか。これは単に鳴き声を聞かせるだけではわかりません。たとえば「ジャージャー」は、「地面や茂みに注意せよ」という指示にすぎないかもしれない。

そこで僕が考えたのが、見間違えを利用した認知実験です。

山極　見間違え？

鈴木　ええ。僕たち人間には、シンボルをきっかけとして見間違えが起こることがありますよね。

いい例が心霊写真で、ただの影でも「これ、人の顔じゃない？」と言われると、急に顔に見えてきて怖くなってしまう。ホモ・サピエンスの顔のシンボルである「ヒトノカオ」という音が、視覚的なイメージを呼びおこすからですよね。

シジュウカラにも同じ現象が起こるならば、彼らは鳴き声をシンボルとして捉えていると言っていい。そう考えて僕は、20㎝ほどの木の枝を用意しました。

といってもただの枝です。ヘビに似ているわけじゃないので、通常ならシジュウカラがヘビに見間違えるわけはありません。

鈴木さんが行った実験は、見間違えを利用したもの。
ヘビを警戒する音を聞かせながらヘビほどのサイズの枝を引き上げると、
シジュウカラは必ず枝を確認しに行く（＝ヘビと見間違える）という。
特定の音がヘビのイメージを想起させることを示した。

山極　心霊写真の例えでいう影と同じですね。何も言われなければただの影でしかない。

鈴木　はい。でも、その枝にひもを付けて木の幹沿いに引き上げながら先ほどの「ジャージャー」を聞かせると、シジュウカラはほぼ確実にヘビと見間違えるんですよ！　枝を確認しに行ってしまうんです。

山極　なるほど、面白い。ただ、単に枝の動きに反応しているだけという可能性はないですか？

鈴木　そう思って、同じように枝を見せながら、別の音声を聞かせる実験もしてみました。モズやフクロウに対して発する鳴き声や仲間を呼ぶための「ヂヂヂヂ」という鳴き声などです。

すると、シジュウカラは枝に反応しないんですよ。「ジャージャー」と一緒に見せたときはあんなにびっくりして飛んできたのに。
つまり、**「ジャージャー」という音声がヘビの視覚的イメージを呼び起こしている**らしいんです。人間にとっての「ヘビ」という言葉のように。それはつまり、シジュウカラにとっての「ジャージャー」はヘビのシンボルだということです。

山極　素晴らしい。シジュウカラも視覚的なイメージを持っているんですね。

鈴木　はい。小鳥も結構人間に似ていて、視覚と聴覚に頼って世界を認識しているからだと思います。

言葉と感情

山極　サルも私たち人間も、基本的に視覚優位の世界にいますから、言葉などのシンボルを聞くとまず映像や画像を思い浮かべます。
ただ、厳密にはシンボルと映像は一対一対応ではないんですね。たとえば、一言に「カップ」と言っても、一種類だけではない。取っ手があるもの、ないもの。赤いカップ、白いカップ……たくさんのカップがあります。

　にもかかわらず、それらをすべて「カップ」で総称しているのが人間の言葉です。言い換えると、言葉によって現実の複雑さを切り捨てている。それにはポジティブな面も、ネガティブな面もあります。

　しかしシジュウカラの言葉は、もっと豊かではないですか？　先ほどの「ジャージャー」にしても、「ヘビ」以外の意味も含んではいませんか。

鈴木　まさにそうです！　シジュウカラの「ジャージャー」は、単にヘビを意味しているだけではないんです。ヘビが近づいてきているとかの切羽詰まった状況では「ジジャージャジャジャ」という感じの、より注意をひく声に変わるんですね。

　要するに、**人間の言葉にすると「危険だ！」とか「ヤバい！」と言った意味も持てるのがシジュウカラの「ジャージャー」です。**

山極　本当は、人間の言葉も同じなんです。のんびりと「雨だ」と言ったときと、「雨だ！」と叫んだときとでは、まったく緊迫度が違いますよね。

　しかし、こうやって活字になると、せいぜい「！」をつけるくらいしかできない。

鈴木　そういえば、ミーアキャットを対象に、こういう研究をしている人がいましたよ。チューリッヒ大学の先生で。

アフリカ南部に棲息するミーアキャット。
「キャット」とつくが、
実際はマングースの仲間。

　ミーアキャットにヘビや猛禽類といった天敵を見せて、その鳴き声を記録するんですが、同じ天敵でも距離によって鳴き声が変わるらしいんです。つまり、感情の要素が含まれているということです。
　したがって、ミーアキャットの場合も「シンボルとしての鳴き声」と「感情の表れとしての鳴き声」が分かれておらず、連続しているという主張でした。

リズムと共感

山極　人間の言葉にも同じことが言えると思います。というのも、しゃべるときには感情と密接な関係にあるピッチとトーンがとても重要だからね。ピッチは音の高低、トーンは音色。

一番わかりやすい例は、大人が赤ん坊に話しかける言葉ですね。インファント・ダイレクテッド・スピーチ[*9]と言うんですが、「まあ、可愛いわねえ」と、ピッチもトーンも変化するでしょ？「よしよし」みたいに、繰り返しも多用されて、感情が表れている。

要は、人間の言葉も、感情などの複雑な情報を含むことができるんです。いわば音楽的な言葉です。

鈴木　たしかに、そうかもしれません。

山極　そして、赤ん坊に向けたインファント・ダイレクテッド・スピーチは、ペットに向けるペット・ダイレクテッド・スピーチと同じだという話もあります。たしかによく似ていますよね。相手が言葉を理解しないという共通点もある。

鈴木　似ていますね。

タンチョウは旧千円札に描かれていたツル。
北海道東部に生息。「丹頂」とは
頭のてっぺんが赤いことを指す。

＊9【インファント・ダイレクテッド・スピーチ】
乳児へ語りかけるときにする、成人に対する話しかけとは明らかに異なる話し方。声が高くなったりイントネーションが誇張される。

どちらも繰り返しが多用されるのが特徴ですが、同じリズムでの繰り返しを共有することは、心理学的には共感を高める行為なんですよね。人間の場合なら、一緒に歌を歌うことがそうですね。

山極　あとは、スポーツの応援もそうだね。サッカーのワールドカップなんかで自国チームが勝つと、みんなで同時にわーっとやるでしょう？　あれも同調です。

鈴木　動物も同調するんですよね。たとえばタンチョウは求愛のときに、鳴き声やダンスを同調させたりします。

山極　私は、こういう**音楽的な言葉が人間の言語の起源なんじゃないか**と推測しています。まあ、その話は後ほど詳しくやりましょう。

文法も適応によって生まれた

山極　ところで、ここまでの鈴木さんのお話は、主に単語レベルの話ですよね。文ではなく。

鈴木　はい、単語の話です。こうして意味を持つ単語が生まれた後に、それらを特定のルールに基づいて組み合わせて、より複雑な意味を伝える能力が進化したんだと僕は思っています。少なくとも、シジュウカラは単語を組み合わせて文章を作れますから。

単語だけでは伝えられる情報に限界がありますよね。たとえば、シジュウカラには「集まれ」という鳴き声がありますけど、それだけだとエサがあるから仲間を集めているのか、それとも天敵が来たから身を守ろうとしているのかわからない。

開けた場所で暮らす動物なら視覚から情報を得られるので「集まれ」だけで十分だったかもしれませんが、シジュウカラは見通しの悪い森に住んでいるから、視覚をあまり使えない。そこで単語どうしを組み合わせて、文法を発達させたんじゃないかと思うんです。

山極　なるほど。求愛のときに発するさえずりも音声が組み合わさっていますよね？

鈴木　そうです。「ホーホケキョ」というのはウグイスのさえずり。これも「ホー」「ホ」「ケ」「キョ」の組み合わせです。しかし、それぞれの要素に特別な意味はなく、単語にはなっていない。さえずりの組み合わせは文法ではないんです。

一方、シジュウカラは意味を持つ鳴き声、つまり地鳴き*10を組み合わせて複雑なメッセージを作ることができる。さえずりとは独立して、文法が進化したんだと思っています。

*10【地鳴き】鳥類学では、求愛の際に発する音声をさえずりと呼び、それ以外の声はひとくくりに地鳴きと称される。

山極　というと、さえずりと地鳴きはまったく非連続ということ？

鈴木　そうとも言い切れない部分もあって。たとえば、シジュウカラの求愛のさえずりは「ツツピーツツピー」というフレーズですけど、その「ツ」の音は地鳴きのほうでも使われていたりするんですよ。

山極　そうなんですね。

鈴木　今までの鳥の鳴き声の研究だと、「さえずり」「地鳴き」などに分けることが多かったんですが、実は共通する要素もあって、関係しながら進化してきたと思っています。

　さえずりについては、野外だけでなく実験室内でも多くの研究者が研究を進めてきましたが、地鳴きについては非常に少ない。僕はそこを研究したいんです。

山極　なるほど。

　動物のコミュニケーションには、その種がどのように世界を捉えているか、どのように行動しているか、ひいてはその種がどういう動物かがよく表れています。私たち人間の言語も例外ではありません。

　次の章では、動物たちがどういう風に世界を見て、どういう風に行動しているかについて話しましょう。

この章のまとめ

◆動物たちも言葉を使う。従来思われていたよりもずっと高度な会話をしていることもわかってきた。

◆動物たちの言葉は環境への適応、つまり生存や繁殖のために進化した。だから、住む環境によって言葉も違う。

◆動物の言語の研究は、とても難しい。安全でエサももらえる飼育下では、動物はあまりしゃべらなくなってしまうから。

◆天敵やエサなど、生存に直結する重要な情報をカテゴリーにしたことが、動物たちの言葉の発祥かもしれない。

◆人間の母親が赤ん坊にかける歌のような言葉は、ヒトの言葉の起源の一つかもしれない。

Part 2

動物たちの心

音楽、ダンス、言葉

山極　ここまでお話しして、鈴木さんと私の関心や考えが重なっていることはよくわかりました。動物やその言葉の研究を通して、私たち人間とは違う、彼らの知性を理解しようとしている。

鈴木　そうですよね。鳥類と霊長類という遠く離れた分類群を研究しているにもかかわらず、アプローチが似ていると僕も思います。

山極　しかし、ちょっと違うところもあるんです。

鈴木さんは単語や文法といった「狭義の言語」を重視されているように思うけれど、私は、言語を語るには言語以外の要素、たとえばコミュニケーションやその動物の社会構造にも目を向ける必要があると考えているんです。

鈴木　というと？

山極　サルや類人猿については、**言語の発達以前に、まず視覚的なコミュニケーションがあったんじゃないか。**私がダンスや音楽に注目するのもそのためです。

鈴木　意味が生じる以前の話でしょうか？

山極　そうです。私は、個体どうしが意味をやり取りする前に、行動の共鳴があったんじゃないかと思う。

私たち人間も、映画を見て感動して、主人公みたいな気分になってしまうことがありますよね。すると、歩き方や身振り手振りまで主人公に近づいてしまう。

しかし、そういう人は必ずしも、「よし、今の映画の真似をしてやろう」と考えているわけではありません。感動して身体が共鳴しているだけです。それは進化の過程で、霊長類に、ダンスのような身体を共鳴させる技法が備わった結果だと思うんです。

鈴木　たしかに、あると思います。単語や文法を持たない動物も、他個体と共鳴し、共感することは多いはず。

山極　動物たちは踊り、歌います。

少し触れましたが、たとえばチンパンジーの群れは、大量のごちそうを手に入れたり急に雨が降ってきたりしたときに、「ウーホーウーホー」と、呼気と吸気をかわるがわる出しながらコーラスをすることがあります。

「パントフート」と呼びますが、そのあたりを駆け回りながら、だんだん盛り上がっていって一斉にコーラスをする。興奮を共有しているんですね。

チンパンジーは
パントフートと呼ばれる音声を用い、
他の個体とコミュニケーションを図る。
1～2kmほど先からでも聞き取れるという。

　ゴリラはもう少し物静かな動物ですが、みんなでごちそうにありつけたときなどは、「ウグーム、ムグーム」と、腹から出す濁った声に高い音が混じる独特の満足音で鳴きます。すると近くにいる連中も一斉に同じ声を出す。「よし、みんな腹いっぱい食べられるな」という感じの、とても幸福な歌です。
　こういう歌やダンスは、意味以前のものです。言語のような意味はないけれど、コミュニケーションの手段であることは間違いない。ヒトも、言語以前にはこういうコミュニケーションをとっていたんじゃないかと思うんです。

鈴木　山極さんは、本に「ゴリラは歌う」と書かれていましたね。

山極　はい。そしてそれは、我々人間も同じなんです。現代社会では狭義の言葉ばかりが重視されるけれど、ヒトだって、音楽や歌や踊りでコミュニケーションをとりますよね。鈴木さんと動物の言葉について語ることで、私たち現代人が忘れてしまったコミュニケーションの豊かさを思い出せるかもしれないと思っています。

少し話が逸れましたが、私は、音楽的なものや身体的なコミュニケーションなども含めて、言葉を広く捉えたいと思っているんです。

鈴木　なるほど。意味を持たない音楽的なコミュニケーション、他者との共鳴や同調、共感も、僕たちが現在使っている言語に通じる能力なのかもしれないですね。

単語や文法といった言葉の能力だけでなく、コミュニケーションや認知能力といったもう少し広い視野から比較すると、人間と動物各種の間にある共通点や相違点がより明確になると思います。それではじめて、人間がなぜこのような言葉を持っているのか、チンパンジーはなぜこのようなコミュニケーションを行うのか、といった謎を紐解くことができるわけですよね。

いや、言葉に限らないな。

どういう風に世界を見ているかも、動物によって全然違うはずです。人間は赤・青・緑の三原色を基に色を感じていますが、鳥は赤・青・緑に加えて紫外線も知覚できますし、ＧＰＳみたいに地磁気も感じ取れますから、世界の見え方、感じ方はまっ

写真のハチドリをはじめ、多くの小鳥が
紫外線を知覚できることがわかっている。
また、渡り鳥は地磁気を
知覚することも明らかになっている。

たく違うはず。

山極　そう思います。

鈴木　これも前の章の繰り返しになりますが、言葉や世界の見え方は動物種によってまったく違うはずなんです。青い空も緑の木々も、環境に合わせて脳が進化した結果、このように見えているわけなので。鳥や虫にはまったく異なるように見えているわけだし、僕らの世界の捉え方は唯一、絶対ではないということになります。

だからこそ、ヒトの能力から動物の能力を引いた差分を見るだけじゃなくて、ヒトにはできないけど動物にはできることも見たほうがいいと思いますね。

タイタスの思い出

山極　動物は我々のように饒舌にしゃべれないから、内心をうかがい知るのは難しい。でも、頭の中には複雑な思考や記憶が入っているんですよ。それを伝えることができないだけでね。

山極さんが2年間一緒に過ごしていた、
ゴリラのタイタス。
上は6歳、下は34歳のときの写真。
26年の時を経て再会したタイタスは
山極さんのことを覚えていた。

私は昔、アフリカのルワンダで2年間ほどゴリラと暮らしたことがあります。その時に、特に仲良くしていたのが「タイタス」という男の子のゴリラでした。はじめて会ったときのタイタスは6歳だったかな。

ゴリラって、親しくなると非常に近くまで寄ってきてくれるんです。急に雨が降り出したあるときなんて、私が木の洞で雨宿りをしていたら、そこにタイタスが入ってきたことがあります。それで、抱き合いながら眠ったんですよ。

鈴木　そのお話、山極さんの本で読みました！

山極　でも私はその後、タイタスと会えなくなってしまった。ルワンダの内戦が激化して、行けなくなってしまったからです。

結局、私がまたルワンダに行けたのは、タイタスと別れて26年後のことでした。タイタスは34歳になっているはずですから、生きていても野生のゴリラの平均寿命に近い。もうお爺さんです。

そうしたら、タイタスはいたんです。群れのリーダーである立派なシルバーバック[*1]になってね。

ところが、私がいくら「グッフーム」とゴリラ語であいさつしても、こっちをちらっと見るだけで知らんぷりなんだよね。色々気を引こうと思ってもダメで、ショッ

＊1【シルバーバック】背中の毛が銀色になった、成熟したオスゴリラのこと。

クでしたね。2年間も付き合ったオレのことを忘れたのかと。

でも、どうしても諦められなかったので、2日後にもう一度タイタスのところに行ってみたら、すぐに向こうから寄ってきたんです。

鈴木　山極さんだとわかったんですよね。

山極　そう。私はその時思い出したんだけど、ゴリラってそういう性格なんですよ。時間をかけて静かに熟考するのがゴリラなんだ。タイタスは2日間かけて、私のことを思い出していたのかもしれない。

「グッ、グフーム」と私があいさつしたら、タイタスもまじまじと私の顔を見つめて「グッ、グフーム」と返してくれた。そして、**タイタスの顔が急に子どもっぽくなって、ついには地面に仰向けに寝転がった**んです。

仰向けに寝転がるのは子どものゴリラの特徴で、大人はやりません。お腹が出るから仰向けになると苦しいんですよ。でもタイタスはそのポーズをとって、近くにいる子どもゴリラを捕まえて遊び始めると、ゲラゲラ笑いだした。大人のオスは滅多に笑わないのに、子どもみたいになっちゃったんですよ。

つまりタイタスは、私と付き合っていたころの身体に戻ってしまったんです。言葉ではしゃべれないけれど、記憶は身体に眠っていたんです。

鈴木　もしゴリラが人間のような言葉を持っていたら、山極さんに思い出を語り始めたかもしれないですね。ローランドゴリラのマイケルが手話を覚えたら昔の思い出を語りだしたみたいに。

山極　私は子どものタイタスと遊んでいたから、私を思い出したタイタスが私と遊んでいたころに戻ったのがわかった。でも、他の人が見てもわかりませんよね。タイタスと遊んだ経験がないから。

しかし、もしタイタスがヒトの言葉を持っていたら、「山極！　昔はこうやって遊んだなあ」って、タイタスと遊んだ経験がない人にも伝わるように表現できる。それがヒトの言葉の威力なんです。経験していないことや、経験していない人に対しても情報を伝えられる。

鈴木　「今」「ここ」以外についても語れる能力ですよね。言語学では超越性と言われるもので、今のところ人間以外に見つかっていない力です。

ただ、今のタイタスのエピソードに限らず、他の動物も心の中には「今」「ここ」以外の記憶や認知に近いものを持っている可能性も高いと思います。そういった動物の知性について考えずに人間の言語だけを特別扱いしてしまうと、動物の言葉はもちろん、人間の言葉の起源にも迫れないいんじゃないかな。

シジュウカラの言葉にも文法があった

鈴木　とはいえ、ヒトの言語がとてもよくできているのも事実だと思うんです。代表例が文法ですよね。文法という、単語を並べる上でのルールがある。文法は単語と単語の関連性を決定するルールでもあるし、柔軟性がある。文法があるから、僕たちははじめて聞く文章でも意味を理解できるわけです。

古くから、文法を持っていることこそがヒトと他の生き物を隔てる点だという考え方もありました。動物は色々な鳴き声を発するけれど、特定の鳴き声に対して特定の反応を返しているだけで、複雑な文は作れないでしょ？　という主張です。

ところが、**シジュウカラは文法を持っている**んです。僕はそれを実験で確かめました。

山極　どのような？

鈴木　シジュウカラは「ピーツピ・ヂヂヂヂ」と鳴くことがありますが、実はこれ、二つの鳴き声の組み合わせになっているんです。「ピーツピ」は「警戒しろ！」という意味で、天敵が出たときに使います。

一方、「ヂヂヂヂ」は「集まれ！」という意味で、たとえばエサを見つけた個体が仲間を呼ぶときに発します。

なので僕は、「ピーツピ・ヂヂヂヂ」は「警戒して・集まれ！」という「二語文」になっているのではないかと考えました。

ただ、二つの語を組み合わせているといっても、これだけでは文法がある証明にはならないですよね。独立した二種類の鳴き声をただ連続で鳴いているだけ、という見方もできますから。

山極　そうですね。それだけでは文法とは言えない。

鈴木　そこで僕は、色々な野外実験を通して、シジュウカラに文法があるのかを確かめることにしました。

文法の特徴の一つは、同じ単語が並んでいても、語順が変わってしまうと意味やニュアンスが変わってしまうことです。たとえば日本語だと、「持って・きて」と組み合わせる場合と、「きて・持って」と連ねる場合では、意味が全然違いますよね。文法のルールがあるからです。

山極　たしかに。

鈴木　そこで僕は、シジュウカラ語にも同じことが言えないか実験することにしました。録音した「ピーツピ・ヂヂヂヂ」をパソコン上で編集し、「ヂヂヂヂ・ピーツピ」という人工の音列を作って聞かせてみたんです。

というのも、「ピーツピ・ヂヂヂヂ」は、必ず「ピーツピ」→「ヂヂヂヂ」という順番で鳴かれるんですね。それはたぶん、「集まれ」よりも「警戒しろ！」のほうが優先順位が高いからだと思います。僕ら人間も、まず「危ない！」と言って注意をうながしてから「自動車が来てるよ！」とか「伏せて！」とか、次の言葉に移りますよね。それと同じような感じだと思います。

すなわち、シジュウカラの鳴き声にも、「警戒が先、集まれが後」というルールがあるんです。

山極　なるほど。ではそのルールを破ると……？

鈴木　そこが重要なポイントです。このルールを破っても意味が通じるなら、「ピーツピ・ヂヂヂヂ」は「ピーツピ」と「ヂヂヂヂ」を続けて鳴いているだけで、文ではない。でも、ルールを破ったときに意味が通じないなら、それは文法があることを意味する。

実験で、シジュウカラに「ピーツピ・ヂヂヂヂ」という正しい語順の鳴き声を聞かせると、警戒しながらスピーカーに近づいてきました。しかし、**ルールを破った「ヂ**

シジュウカラは仲間を集めて天敵を追い払う際に
「ピーツピ（警戒）・ヂヂヂヂ（集合）」と組み合わせる。
この声を聞かせるとシジュウカラは
警戒しながらスピーカーに集まってくるが、
順序を逆にして聞かせると適切な反応を示さない。

ヂヂヂ・ピーツピ」を聞かせると、シジュウカラはそんなに警戒しないし、スピーカーにもほとんど近付いてこなかったんです。

つまり、シジュウカラはきちんと語順を理解して、「ピーツピ・ヂヂヂヂ」＝「警戒して・集まれ！」であることを理解したということです。この実験を論文にして発表したのは２０１６年ですが、ヒト以外の動物ではじめて文法能力が確認されたと、ずいぶん注目してもらえました。

山極　素晴らしい。

ルー大柴がヒントになった

鈴木　ところが、この実験だけでは十分ではなかったんです。ルールを破ると意味が通じないからといっても、それだけで文法の存在を証明したことにはならないだろうと僕が考えを改めたからです。そこで翌年、新たな実験を計画しました。

さっき言ったように、文法には「はじめて聞く文章でも、文法のルールを守っていれば理解できる」という特徴があります。その特徴をよく理解しているのが、タレントのルー大柴さんです。

山極　というのは？

鈴木　2000年代に彼の作るルー語が流行ったじゃないですか。「寝耳にウォーター」みたいに、日本語と英語がごちゃ混ぜになっている文章です。

あれって実は非常に興味深いんですよね。こんな言葉を作る人はまずいないから、ほとんどの人にとってははじめて聞く文章なのに、聞けば意味がわかります。「寝耳に水」だな、って。それはつまり、日本語と外国語が混じっていても、文法的には正しいからです。日本語の文法に従っている。

はじめて聞く奇妙な文章でも、文法の力があればルールを当てはめて理解できる。僕はこの特徴を使って、シジュウカラに文法があるか確かめることにしたんです。

山極　興味深い。

鈴木　僕はその実験で、複数の動物種からなる群れ社会である「混群」[*2]に着目しました。僕がフィールドワークをしている軽井沢だと、冬になるとシジュウカラはコガラっていう別の種類の鳥と一緒に群れをなし、生活するんです。

山極　混群ね。霊長類でも見られる現象です。

鈴木　混群も進化の産物ですよね。小鳥の場合、天敵から身を守りやすくなるのが混群のメリットだと考えられています。だから混群という習性が進化したわけですが、一つ問題があります。同じ鳥でも、種が別だと、「言葉」が違うんですよ。

山極　たとえば？

鈴木　シジュウカラ語だと「集まれ」は「ヂヂヂヂ」ですが、コガラ語だと「ディーディー」になります。

面白いのは、こんなに音が違っていても、シジュウカラはコガラ語を理解できることです。人間が外国で暮らすと外国語がわかるようになるのと同じで、鳥たちもお互

＊2【**混群**】別種とともに群れをなすことで、捕食回避などのメリットがある。カラ類の鳥以外にも、魚や有蹄類、霊長類でも観察される。

いの鳴き声とその意味をきちんと学習しているんです。コガラが「ディーディー」と鳴くと、シジュウカラも集まってくる。いわば、シジュウカラにとってのコガラ語は、日本人にとっての英語みたいなものなんです。

そこで、ルー大柴さんです。日本人がルー語を理解できるのは文法のおかげですよね。ならば、シジュウカラが鳥の世界のルー語を理解できれば、やっぱり文法がある

ゴジュウカラは全長13.5cmほどの小鳥。
シジュウカラと混群をなす。
青灰色の頭部が特徴。

写真のヤマガラもシジュウカラと
混群をなすことが多い。「ニーニー」と聞こえる
声でよく鳴く。シジュウカラより少し大きい。

シジュウカラの仲間としては
日本最小となるヒガラ。
白い頬とのどの黒い三角形の模様が特徴。

ということになるわけです。

山極　なるほど。しかし、どうやったんですか?

鈴木　さっきお話しした「警戒して・集まれ!」すなわち「ピーツピ(警戒)・ヂヂヂヂ(集まれ)」を利用しました。これをルー語にするんです。

具体的には、録音した鳴き声を編集し、「集まれ」だけをコガラ語の「ディーディー」に置き換えたんです。つまり、「ピーツピ・ディーディー」です。これは、シジュウカラ語とコガラ語の混合文。いわば鳥のルー語です。

鳥の世界にルー大柴さんはいないから、**こんな鳴き方はありえないんですが、文法的には正しい。それをシジュウカラに聞かせてみたところ、ちゃんと通じたん**です。56羽に対して試しましたが、ほとんどの個体があたりを警戒しながら音源に近づいてきました。

ところが、文法的に間違っている鳴き声、つまり「ディーディー・ピーッピ」を聞かせても、ほとんどのシジュウカラは無反応。

それはつまり、「警戒が先、集まれが後」のルールに従わないと、ルー語を理解できなかったということです。この実験から、シジュウカラも人間のように、文法を頼りにコミュニケーションをとっていることがわかりました。

山極　なるほど。非常に面白いですね。

とどめの一押し「併合」

鈴木　この実験にはさらに続きがあるんです。僕はこのように鳥の鳴き声にも文法があるという根拠を積み重ねてきたわけですが、やっぱり鳥が人間のようにしゃべっているという主張には抵抗がある研究者も多いですから、もう一押しいるなと思ったんです。

それが、シジュウカラに併合[*3]の能力があるかどうかを確かめる実験です。

山極　併合。言語学でよく話題になる、二つの語を一つのまとまりにする操作のこと

＊3【併合】言語学の用語で、アメリカの言語学者ノーム・チョムスキーが1995年の論文で提唱した。伝統的には、人間の言語に特有の能力と考えられていた。

ですね。

鈴木　そうです。操作という言葉は曖昧なので、僕は二語を一つのまとまりとして認識する能力であると言い換えたいと思います。

たとえば、英語の「Ｃｏｍｅ Ｔａｌｋ」というフレーズ。意味はそのまんま「来て話して」という感じなんですが、「Ｃｏｍｅ」と「Ｔａｌｋ」の二語がただ連続しているわけではなくて、「Ｃｏｍｅ Ｔａｌｋ」で一つのフレーズになっています。これが併合です。

単に連続して発話されるというだけではなく、「一つのまとまりとして認識されている」点がポイントです。

日本語でも、「赤いリンゴ」という言葉がありますが、これは単に「赤い」と「リンゴ」という二つの言葉を並べて配置しているだけではなく、ヒトは「赤いリンゴ」という一つの表現として理解している。

この併合こそ、人間だけが持つ複雑な文章を生み出す能力の核だという仮説があって、実際、ヒト以外の動物で併合が確認されたことはありませんでした。僕はそこにチャレンジしようと思ったんです。

山極　「ピーツピ・ヂヂヂヂ」に文法があるとしても、併合があるということにはな

一つのスピーカーから「ピーツピ・ヂヂヂヂ」と流すと
シジュウカラはモズの剝製に威嚇をするが、
二つのスピーカーからそれぞれ「ピーツピ」「ヂヂヂヂ」を流すと
シジュウカラは威嚇行動を示さなかった。

らないわけですね。

鈴木　はい、なりません。シジュウカラは「ピーツピ・ヂヂヂヂ」を一つのユニットとしては捉えていなくて、「ピーツピ」と「ヂヂヂヂ」を別々の二語だと認識しているかもしれないからです。

しかし、シジュウカラ相手にどうやって併合の能力を確かめようかな……と悩んだ末にひらめいたのが、鳴く個体が二羽いるようなシチュエーションを利用するやり方でした。

山極　二羽というと？

鈴木　さっきの「Come Talk」の例がわかりやすいんですが、仮に目の前にAさんとBさんがいるとして、Aさんが「Ｃｏｍｅ」、Bさんが「Ｔａｌｋ」と言ったら、当然ですけど、意味は「Ｃｏｍｅ Ｔａｌｋ」じゃなくなりますよね。Aさんは「来て」と言っていて、Bさんは「話して」と言っているわけなので。

一方、Aさんだけが「Ｃｏｍｅ Ｔａｌｋ」と言ったら、もちろん「来て話して」の意味になる。つまり、併合の能力を持つ僕たちは、二語の連なりを一つの表現としてまとめる際、「誰が単語を発しているのか」を正確に把握し、連続する単語の関係性を理解しているんです。

山極　たしかに。

鈴木　僕は二つのスピーカーと、シジュウカラの天敵であるモズの剝製を用意して、今の「Ｃｏｍｅ Ｔａｌｋ」の例みたいなシチュエーションを再現してみました。

まず、スピーカー一つだけからシジュウカラに「ピーツピ・ヂヂヂヂ」を聞かせると、案の定、モズの剝製に対して威嚇をしました。「ピーツピ・ヂヂヂヂ」が「警戒して・集まれ！」という意味だと認識されたわけです。

ところが、**片方のスピーカーから「ピーツピ」を流して、その後すぐにもう一つのスピーカーから「ヂヂヂヂ」を流すと、モズを追い払いに行かない**んです。

つまり、片方のスピーカーから「警戒しろ」、もう片方から「集まれ」という別々のメッセージが聞こえてきたと認識されたということです。合計64の群れに対して実験してみたんですが、反応はもう全然違いました。これは、シジュウカラにも併合の能力があるということを示しています。

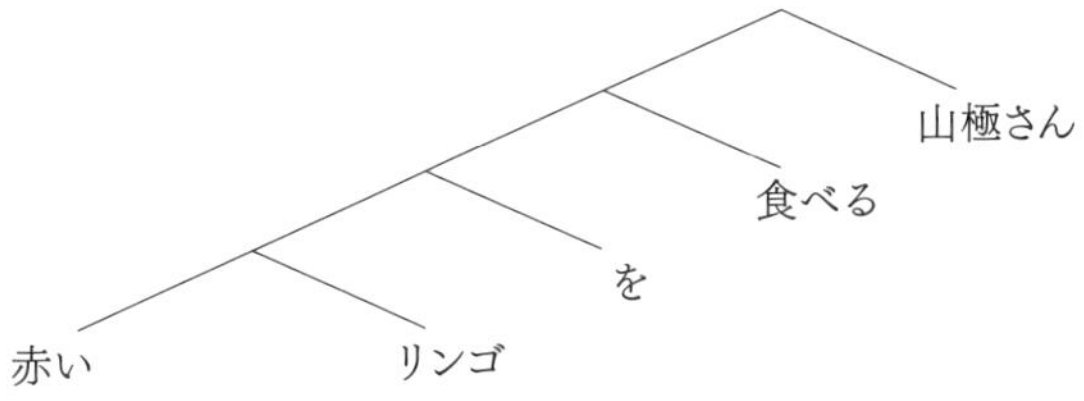

人間は二つのまとまりを併合し、
そのまとまりに別の要素をさらに併合する
という作業を繰り返して文を作る。
そのため、図のように階層構造ができる。

山極　二つの語を一つのユニットとして認識しているのか。それはすごい。ということは、言語学で言う「再帰」[*4]もできるんですか？

鈴木　再帰とは、言語学の世界で併合と一緒に語られることが多い、無限に長い文章を作る能力のことですね。「僕のお父さん」「僕のお父さんのお父さん」「僕のお父さんのお父さんのお父さんの……」のように、同じ構造を入れ子にして無限に拡張できる。こうした入れ子構造の長い文章を作る能力が再帰です。

　同じように、「赤い」＋「リンゴ」の「赤いリンゴ」という一つのユニットに「食べる」を付け加えて「赤いリンゴを食べる」という新しいユニットにしたり、さらにそこに「山極さん」を付け加えて「赤いリンゴ

＊4 **【再帰】** 人間の言語の重要な特徴とされ、前出のチョムスキーは再帰が言語能力のコアだと主張した。

を食べる山極さん」としたり……と、階層的な構造を持つのも人間の言語の特徴です。結論から言うと、シジュウカラの鳴き声に再帰や階層構造はまだ見つかっていません。でも、シジュウカラは併合によって二語を一つのユニットにすることができる。

この発見は、併合と再帰が別の力であることを示唆していると思います。人間の場合、併合によって二つの語やユニットどうしをくっつけて長い文章を作るわけですから、併合と再帰はセットだと思われがちでした。ところが、ひょっとしたら、併合と再帰は別の能力と考えるべきかもしれないことが、シジュウカラの研究から示唆された。

その意味では、人間の言語の解明にとってもインパクトがある実験だったと自負しています。

言葉の進化と文化

山極　とても興味深いですね。鈴木さんのおっしゃる通りだと思うんですが、私は同時に、文法にはその動物の認知や社会の枠組みも関係していると考えているんです。

人間の例を挙げると、先ほどの併合の能力と関係しているじゃないかと思っているのが、**道具の進化**です。というのも、ヒトは二つの道具を組み合わせて一つの道具を作りあげることができるから。

たとえば、槍がそうですよね。槍が登場したのは50万年ほど前ですが、それまでの石器は槍の先端部分だけでした。握り斧（ハンドアックス）などに代表されるアシューリアン石器がそれで、我々のご先祖はそれで動物の骨から肉を切り取ったり、堅い葉っぱを切ったりしていた。

鈴木　旧石器時代の始まりの頃ですね。

山極　アシューリアン石器は百数十万年前には登場しているので、握り斧だけを単体で使う状態が100万年以上続いたことになります。ところが、あるとき、棒という別の道具と組み合わされて槍になった。併合に似たことを、身体の外でやっていたわけです。

アシューリアン石器は、アフリカで約170万〜160万年前に出現したアシュール文化の石器。名前の由来は代表的な遺跡であるフランスのサン・タシュール遺跡から。

鈴木　たしかに。二つの道具を組み合わせて槍を作っているわけですもんね。

山極　もう一つ、私がヒトの言語能力と関係があると思っているのが社会の進化です。これは併合より、ユニットにユニットを重ねて長い文を作る再帰の力と関連するのかもしれませんが、他の霊長類にないヒトの社会の特徴は、集団というユニットが二重に重なっていることなんです。

鈴木　二重ですか？

山極　そうです。「家族」というユニットの上に「共同体」というユニットが重なっているのがヒトの社会です。

　ゴリラの社会には家族というユニットしかないし、チンパンジーの社会には共同体ユニットしかありません。ゲラダヒヒなどは500頭を超える大集団を作り、それは1頭のオスを中心とした「ワン・メール・ユニット」の集合ですから、階層構造はあることになる。その点ではヒトと近いのですが、個々のゲラダヒヒはワン・メール・ユニットから離れることはできないので、二重構造ではないんです。

鈴木　人間はどうなんですか？

山極　ある特定の女性が、家族の中では母であり、かつ妻であったりする。と同時に、共同体にとっては一人の女でもある。複数のユニットが同時に重なり合って機能しているから、ある個体が複数の役割を使い分けることになります。
ところが他の類人猿だと、複数の役割を同時に持つことはない。たとえばメスは妊娠していたり授乳している最中は発情できませんよね。つまり、「女」と「母」という異なる役割が重なることはないんです。

鈴木　人間社会のような二重構造はないんですね。

ゲラダヒヒは、エチオピアなどに生息する
オナガザル科の霊長類。
威嚇の表情でにらめっこをして勝敗を決めるため、
同種と争わないことで知られる。

山極　そうです。二重どころか、家族や共同体以外にも、狩りのための男だけのユニットとか、いくつものユニットに同時に属するのが人間です。そういう複雑な社会の進化や複数のモノを組み合わせて道具を作る能力と、併合や再帰といった言語能力は、お互いに関係しながら進化してきたんじゃないか。
そして、それを可能にしたのが、他者に共感する能力と、併合や再帰のような認知能力ではないかと思うんです。私が音楽やダンスにこだわるのも、共感の力と強い関係があるからです。

共感する犬

鈴木　共感ですか。

今のお話で思い出したんですが、僕、「クーちゃん」という犬を飼っているんですけれど、飼い始めてからわかったのが、犬ってすごく賢いということ。それまで僕はシジュウカラが一番賢いと思っていたんですが（笑）、クーちゃんも賢いんです。「ワン」とか「クーン」とか、限られた声しか出せないんですけど、お互いの気持ちがわかるんです。

山極　**犬の知性についてはここ数年で一気に研究が進み、今では類人猿よりも認知のレベルが人間に近い**と言われています。たとえば、人が指を指したほうを向くことができる。これは、限られた動物しか持たない能力です。

鈴木　オオカミの赤ちゃんと犬の赤ちゃん、あと人間の赤ちゃんの認知能力を比べた研究論文を読んだことがあるんですが、犬の赤ちゃんはオオカミよりも人間の赤ちゃんに近いみたいですね。

うちのクーちゃんも、僕の表情やちょっとした仕草を理解してくれるんです。それに、クーちゃんには白目もあります。

山極　白目があると視線の方向がよくわかるから、意図を他の個体に伝える必要性と共に進化したと言われていますね。人間ははっきりした白目を持っていますが、他の霊長類はそうでもない。

そして犬も、くっきりとした白目を持つ珍しい動物です。犬の祖先であるオオカミには白目がないのに犬にはあるのは、人間に飼われるようになってから犬だけに起こった進化だと言われています。

鈴木さんの飼い犬である
クーちゃんのお散歩のワンシーン。
クーちゃん目線にあわせて一緒に
過ごすのは動物研究者ならでは？

鈴木　大人しくて人に友好的な動物になる「家畜化」ですね。

山極　そう。最近、改めて光が当てられているのがソ連のドミトリ・ベリャーエフ[*5]が行った野生のギンギツネの家畜化の実験です。彼が人懐っこいギンギツネの個体だけを選んで

＊5【**ドミトリ・ベリャーエフ**】ソ連の動物学者（1917-1985年）。ロシア科学アカデミーのシベリア分院の副総裁を務めた。

ギンギツネは北半球に広く分布するキツネの一種。体長は50～90cm程度。ネズミや鳥、虫、果実などを食べる。

かけ合わせることを繰り返した結果、40世代くらいで犬みたいになってしまった。人を恐れなくなり、尻尾を振ったりするだけじゃなく、頭が丸くなり、顔が平べったくなり、体毛に斑《まだら》ができたりと外見まで変わるんです。特に面白いのは、脳が小さくなること。

鈴木　オオカミが犬になるまで3万年くらいかかったのに、キツネは人為的に従順な個体を選択するだけでたった50年くらいで犬みたいになったんですよね。だから、いわゆる知性や共感する力も、実は短期間で進化した能力かもしれない。

山極　そう、住む環境や社会の複雑さに適応した結果ではないですか。

ウソをつくシジュウカラ

鈴木　本当にその通りだと思います。だから、動物が、僕たち人間が思っている以上に賢かったり、複雑なコミュニケーションをとっていても全然不思議じゃない。
　僕みたいに一年の半分以上、朝から晩まで森に籠る生活をしていると、毎日のように新しい発見があるんですが、たとえば、シジュウカラに高度な意図みたいなものを感じることもよくあります。

山極　たとえば？

鈴木　シジュウカラは他の鳥と混群を作るのですが、大きな鳥と群れを作ると、エサをめぐる競争だとシジュウカラが不利になる。
　そんなとき、シジュウカラはウソをつくんです。「タカが来たぞ！」といって注意を促す鳴き声を出すんですね。すると他の鳥はびっくりして逃げますから、シジュウカラはそのスキにエサを手に入れるんです。
　鳴き声を本来とは違う文脈で使うのは、人間の言葉にすると**騙し**ですよね。彼らな

サバンナヒヒはオナガザル科のヒヒで、
アフリカのサバンナで群れを作って暮らす。
真っ赤なお尻が特徴的。

りの思考と意図を強く感じる行動です。

山極　霊長類にも似た行動があります。
サバンナヒヒは硬い地面の下にある若い芽を食べるんだけど、子どものヒヒは土を掘れないから、食べられないんです。
ところが、子どものヒヒは土を掘っている若いオスのそばに行って、悲鳴を上げるんです。すると母親が子どもに何かあったんじゃないかとすっ飛んできて、オスを追い払ってくれるから、子どもは土の下の芽にありつける。

鈴木　シジュウカラのような騙し行動ですね。

山極　またヒヒの例だけれど、強いオスに追いかけられているオスが、ふと立ち止まって周囲を見回したりします。これは、通常ならライオンとかヒョウとかの天敵がいるときの行為ですから、追うオスは一瞬ひるみます。
ところが、周りに天敵はいないんです。強いオスから逃げるための演技ですよね。

鈴木　それも騙しだと解釈できますか？

山極　ヒヒにそういう意図があるかどうかはわかりません。「あたかもライオンがいるみたいに周囲を見回すとアイツはびっくりするだろう」という風に、相手の心の内を推測しているかどうかは、証明はできません。

鈴木　相手が心を持っていると仮定する能力、いわゆる心の理論[*6]を持っているかどうか気になるところですよね。

心の理論

山極　チンパンジーくらいになると、心の理論を持っていることがわかっています。有名な実験があって、一つの放飼場に強いチンパンジーと弱いチンパンジーを入れるんです。そして実験者は弱いチンパンジーだけにバナナのありかを教えるんですが、弱い個体は、強いヤツが見ている前でエサを入手しても奪われてしまいますよね。

そこで、心の理論が役立つんです。弱い個体は、強い個体が見ている前では、あえてエサがない方向に向かっていくんですね。そして強いほうが「なんだ、エサをとりに行くんじゃないのか」とそっぽを向いた瞬間に、さっとエサをとりに行く。

＊6【心の理論】他者が考えていることを推測し、理解する能力。特に発達心理学で乳幼児を対象にした実験が多く行われており、動物にも心の理論があるか研究が進んでいる。

オナガザル科の一種であるロエストモンキー。
1匹のオスと10〜17匹のメスや
子どもからなる群れで暮らし、
複数のメスで子を育てる。

鈴木　相手の考えを推測できるんですね。

山極　ところが、この実験には続きがあります。強い個体も心の理論を持っていますから、弱い個体を油断させるためにあえて違う方向を見て、弱いほうがエサに手を伸ばした瞬間に振り向いたりする。相手が何を考えているかを想像できないと、こういう行動はできません。

サルにはこういうことはできません。サルの世界では視覚と強い／弱いの序列が非常に重要な意味を持っているから、たとえば弱いオスは岩の陰に隠れてメスと交尾をしたりします。交尾しているところをボスザルに見つかるとまずいからね。

でも、ボスザルの場所を見極めたいから、交尾をしている岩から顔だけ出してそっちを見ていたりする。当然、ボスザルは岩から出ている顔は見えるんだけど、交尾をしていることまでは理解できない。視覚がすべてだからです。

心の理論を持っているのはチンパンジー、ゴリラ、オランウータン、そしてヒトだけ。同じ霊長類でも、認知能力には違いがあるんですね。

鈴木　その違いは、どうして生まれたと思いますか？

山極　**社会の複雑さの違い**だと思います。チンパンジーやゴリラと比べるとニホンザルやオナガザルの社会はわりと単純で、自分と相手とのどっちが強いかだけが重要。しかし、もっと複雑な社会でコミュニケーションをとるためには相手が何を考えているかを推測する力が必要になり、心の理論が進化したんじゃないかな。

空想する能力

山極　動物の意外な認知能力を示す他の例としては、スカフォールディングと呼ばれる行動があります。日本語だと「支え行動」になるのかな？

幼児が階段を降りようとしていたら、危ないから大人が支えますよね。これがスカフォールディングですが、それができるのは、幼児には階段を下りる能力がないことを知っているからです。つまり、他者の能力をよく理解していることがスカフォールディングの前提です。

でも、スカフォールディングは霊長類の中でも、ヒトを含む類人猿にしか見られません。たとえばヒヒはスカフォールディングができないから、雨季に母ヒヒが子どもを抱いたまま水の中に入って、子どもを溺れさせてしまったりします。

鈴木　赤ん坊が泳げないという認識がないんですね。

山極　あと、類人猿に共通する面白い行動に、飛行機ごっこがあります。

鈴木　飛行機？

山極　人間もやります。大人が子どもを持ち上げて、「高い高い」をするじゃないですか。場合によっては足の裏に乗せたりして。

鈴木　ああ、やりますね。

山極　あの行動は、チンパンジーもオランウータンもゴリラもやるんです。でも、サルやヒヒでは確認されていません。

飛行機ごっこをするには、空想や見立ての能力が必要です。類人猿は空を飛べないのに、あたかも飛んでいるように動かす。この「あたかも」というところが重要で、一種の想像力が働いているんです。

鈴木　それは鳥もやらないなあ。

動物の意識

鈴木　動物の心の理論や認知能力を調べるのは非常に難しいですね。僕ら人間は、動物にはなれませんから。特に、動物が僕らのような意識を持っているかどうかを調べるのはとても難しい。

人間には意識がありますよね。正確にいうと、人間というより、僕に意識があることが、僕にはわかっている、ということなんですけれど。

今の僕なら、目の前に山極さんがいて、手元にはコーヒーが置かれていて、その香りが漂っているな……という主観的な意識を持っています。リンゴを見ると赤さを感じるし、紙で手を切ったら痛みを感じる。

でも、果たして動物はどうなんだろう？　シジュウカラが空を飛ぶときの「飛ぶ感じ」とか、エサの青虫の風味はどう感じられているんだろう？　というのが意識の問題です。

山極　意識については哲学的な議論がたくさんありますが、私はシンプルに「自分が何をしているかわかっていること」と定義していいと思います。私は今、私が鈴木さんとしゃべっていることをわかっています。すなわち、意識があります。

鈴木　つまり、自意識ですね。動物の自意識を調べるために、鏡を見せる「ミラーテスト」という実験がありますよね。

山極　ありますね。チンパンジーの実験だと、麻酔を打って眠らせている間に、顔の、鏡なしでは見えない場所にインクを塗っておく。そして目が覚めたチンパンジーの前に鏡を置くと、鏡を見ながらインクをぬぐおうとするんです。

それはつまり、鏡の中にいるのが自分だと理解しているということです。自分を外から見ることができる。それが意識を持っていることの証明だというんですね。

チンパンジー以外にもミラーテストをクリアした動物はけっこういて、ゾウやイルカ、さらにはタコや一部の魚もクリアしたという話もあります。

鈴木　ミラーテストは視覚優位の動物に対しては有効ですが、たとえば、犬はテストをクリアできません。さっき言ったようにとても賢いのに、鏡に映った自分を自分だと認識できず、敵だと思って吠えてしまう。うちのクーちゃんも、窓ガラスに映った自分に向かって吠えちゃいます。

もっとも、犬は嗅覚が優位な動物で、個体の識別も匂いでやっていますから、ミラーテストの結果だけで犬に自意識はないと結論できないとも思います。僕ら人間には想像できないやり方で、「匂いによる自意識」を持っているかもしれないから。

山極　サルもミラーテストはクリアできません。ただ、面白いのは、サルは鏡がこちら側の世界を映していることは理解しているんですよ。たとえば、鏡を見ながら自分の後ろにあるモノをとることができる。

ところが、鏡に映っているサルが自分だということはわからないんです。他のサルだと思っているらしいんだな。

鈴木　それはすごく興味深いですね。鏡の構造はわかっているのに、自分自身がそこにいることは認識できない。

山極　私は、意識を持つためには

チンパンジーはミラーテストに
合格できるが、サルはできない。
面白いのはここからで、
サルは鏡に映る個体が自分だとはわからないが、
鏡を見て後ろにあるモノを取ることはできるという。

最低でも心の理論を持っている必要があると思います。さっきのスカフォールディングとも関係するけれど、他者の心の内を推測できないと、自分の心を外から認識することもできないのかもしれない。

鈴木 なるほど。

僕はちょっと違う考えで、心の理論を持つためには、自意識に加えて共感能力が必要じゃないかと思っています。共感する相手がいなくても、自意識だけを持つことは可能だけれど、そこに共感する相手が現れて心の理論が進化したのではないかと。

山極 なるほど。サルには単純な共感能力があるらしいことはわかっていますが、人間のような、深いレベルのシンパシーはありません。シンパシーは心の理論を必要とする、かなり高度な認知レベルです。

鈴木 面白いですよね。同じ霊長類でも、ミラーテストを合格できる種とそうでない種がいる。動物の認知能力は、近い種でも意外と差があるんですよね。

山極 言語を扱う能力にも似たことが言えます。

たとえば、人にとっては、赤くて甘酸っぱい果実を「リンゴ」と呼ぶルールがある以上、「リンゴ」という音はあの果実を意味するだろう、という推論は簡単です。

つまり、A→BからB→Aを推測できる。これを人間の言葉の基本ルールで、対称性推論と呼ぶらしいんですね。

しかし、チンパンジーにはこの能力はありません。後ほど詳しく説明する、京都大学霊長類研究所にいたチンパンジーのアイちゃんも、リンゴを「リンゴ」というシンボルで表現することは理解できたけれど、「リンゴ」というシンボルがリンゴを意味することは理解できませんでした。

鈴木　面白い。チンパンジーとヒトの間でも、物事の論理の捉え方がまったく違うということですよね。

シジュウカラになりたい

山極　知性を定義するのは難しいといつも思います。というのも、私たち人間の考える知性が唯一絶対ではないから。非言語的、暗黙知的な、我々の知らない知性があるかもしれない。

鈴木　そう、僕、シジュウカラになりたいとよく思うんです。森に入って観察していると、彼らの認知やコミュニケーションは人間が思うよりずっと複雑だとわかるんですけど、僕はシジュウカラじゃないから、実験によって外から確かめるしかない。シジュウカラの主観を経験することはできないのが残念です。

鳥は紫外線を見ることができるし、チンパンジーは人間とは比べものにならないくらいの短期記憶の能力がある。もし彼らになれたら、どういう世界が見えるのかと思いますね。

山極　チンパンジーの短期記憶は、先ほど登場した霊長研のアイ・プロジェクトでの実験ですね。

モニター上に1から9の数字が一瞬だけ、バラバラの位置に表示されるんですが、数字が消えてもチンパンジーはその位置を正確に指で指し示すことができる。しかも、1から9の順番通りに。数字を理解できるだけではなく、位置を正確に覚えられるということです。

鈴木　チンパンジーにその能力が備わっているということは、彼らはその能力を使って人間にはできない認知をしたり、コミュニケーションをとっているかもしれないということだと思うんです。コウモリが口から発する超音波で周囲を把握しているみたいに。

でも、僕ら人間にはそんな能力はないから、チンパンジーやコウモリがどのように世界を見ているのかはわからない。「人間にあって動物にない能力」について考えるのは簡単だけど、「動物にあって人間にない能力」を想像するのはとても難しいですよね。

山極　おっしゃる通りだと思う。動物にできて人にできないことは、実はたくさんあるんです。

アイ・プロジェクトは1978年から始まった研究活動。チンパンジーの認知能力を調べるべく、文字や数を教えた。

鈴木　山極さんもゴリラを観察していて、彼らが人間である山極さんには理解できないコミュニケーションをとっていると感じたことはありますか？

山極　もちろんです。特に強く感じたのは、母子関係についてかな。

人間が進化した環境では、赤ん坊は共同体全体で育てるものでした。赤ん坊が大声で泣くと、母親に限らず、周囲の大人が手を差し伸べますよね。こうして、人間の赤ん坊は周囲から食べ物を与えられながら育ちます。だから、人間がひとりで食物を手に入れられるようになるまでには20年近くかかります。

ところが、ゴリラの赤ちゃんはまったく泣かないんです。そして、母親にぴったりとくっついて育つ。人間みたいに共同体が保育するんじゃなく、母親だけが育てるんです。

でも、生まれてから3年くらいで乳離れをすると、もう自分で食べ物を探して確保できるんですよ。

鈴木　母親から学んだ……。

山極　そう。野生の環境で食べ物を手に入れるって、ものすごく難しいことなんです。毒や消化阻害物質があって食べられないフルーツや葉も多いし、アリみたいに、捕らえるのに工夫がいる虫も食べますから。

ゴリラの子は、そういった食べ物を手に入れる技術を母親から学ぶんです。人間みたいな言葉はしゃべれないから、五感を総動員してね。人間にはない母子間のコミュニケーションです。

だから、生後すぐに母親から引き離して人工保育をすると、絶対に野生には戻れません。食べ物の入手法を母親から学んでいないから。

鈴木　シジュウカラも似ていて、巣立った後に親鳥と一カ月くらい一緒に過ごすんですが、その間にエサの取り方を覚えます。

山極　そういうのは、言語化ができない暗黙知だよね。現代社会でいう情報は、暗黙知とは対照的に、客観的に観測可能で言葉や数式で表せるものに限られる。

でも、動物は違うんです。豊かな暗黙知を持っていて、それをやり取りすることもある。母ゴリラが子にエサの取り方を教えるようにね。

鈴木　面白いのは、人間も動物とそういうやり取りができることですね。僕もクーちゃんの鳴き声や表情を見ていると、言葉にはできないけれど、クーちゃんの気持ちがわかる気がします。きっとクーちゃんも同じように僕を観察し、理解している。

山極　そう、言葉や情報にはならない気持ちのやりとりは、人と犬の間でも成立します。

人と話すミツオシエ

鈴木　もっと進んで、**人と積極的にコミュニケーションをとる鳥**もいます。

モザンビークに住むノドグロミツオシエ[*7]という鳥なんですが、彼らは人とコミュニケーションをとりながら、エサであるハチの巣を手に入れるんです。

山極　人と？

鈴木　ええ。ハチの巣って、ハチミツや蜜蠟《みつろう》があって、人にとっても鳥にとっても栄養源じゃないですか。もちろんハチに刺されるリスクはありますが、人には焚火で巣をいぶしてハチを追い払う能力がありますから、ハチミツを手に入れられる。

一方のミツオシエは焚火はできないけれど、目がいいですから、ハチの巣を見つける能力は人よりも上。このように利害が一致しますから、モザンビークの人はミツオシエと協力してハチの巣を手に入れるんです。

山極　しかし、どうやって？

鈴木　声です。ミツオシエは、ハチの巣を見つけると人間のところまでやってきて「ギギギギギ」と鳴いて、ハチの巣まで誘導するんですね。すると人は焚火をして巣を手に入れて、そのおこぼれをミツオシエにあげるんです。

人間の側も、ミツオシエを見失ってしまったら「ブルルルル」という独特の声を出してミツオシエを呼びます。人間と鳥で、双方向にコミュニケーションが成り立っているんですね。

＊7【ノドグロミツオシエ】中央〜南アフリカの熱帯雨林に生息する、全長20㎝ほどの鳥。人間と協力してハチの巣の狩りを行うことで知られる。

山極　面白いな。ところで、現代の日本でも、ペットや身近な動物とコミュニケーションをとりたい人は少なくなさそうですね。

鈴木　そのコツは、彼らに安易に人間の世界観を当てはめないことだと思います。感情移入や共感もとても大事ですが、同時に、まったく別の世界を生きていることも忘れてはいけないのではないでしょうか。

　僕は飼い犬のクーちゃんとコミュニケーションをとれますが、同じ空間にいるとしても、人が、視覚が重要な世界を生きているのに対し、犬であるクーちゃんは嗅覚優位の世界にいます。動物たちには僕ら人間とはまったく違う世界が見えていることを常に念頭に置いて、彼らにとっての世界を想像することが重要だと思いますね。

山極　たしかに。しかし、犬やゴリラはともかく、シジュウカラにとっての世界を理解するのは難しくありませんか。そもそも、私たちは飛べません。

鈴木　それが、そうでもないんです。一年の大半を森で過ごす生活を送っているうちに、シジュウカラの気持ちがわかってくるんですよ。山極さんにゴリラの気持ちがわかるように。

山極　人も動物ですから、他の動物と一緒に暮らすことはできますよね。私も周囲がゴリラだらけの森で一人で暮らしたことがありますが、ゴリラは私が別の動物であることはわかっているけど、ちょうど人が猫と暮らすように、そばにいさせてくれる。

鈴木　鳥も同じです。人の個体を識別できますから、**僕が森に入っていくと「あいつは変な動物だけど、無害だし、たまにエサもくれるから悪い奴じゃないな」という感じで警戒されないい**んです。

だから群れをすごく近くで観察できるし、たまに調査のためにシジュウカラを捕まえることもあるんですが、彼らは**僕をあまり警戒しないんです。体重でいうとシジュウカラの4000倍もの大きさになる僕ですが、それでも警戒されない**のは興味深いことだと思うんです。

山極　すごいな。鈴木さんがシジュウカラを逃がすところを見ていたからでしょうか。

鈴木　たぶんそうだと思います。シジュウカラの群れにはリスも加わることがあるので、人である僕とリスとシジュウカラとで、一緒に暮らしているんです（笑）。でも、ゴリラの群れに入るのは難しそうですね……。

人間も動物と生きていた

山極　いや、そんなことはありません。ゴリラは人間よりずっと大きいから、私たちを警戒しないんですね。むしろ、人間より小さいサルの群れに入るほうがずっと難しい。

鈴木　あ、そうなんですか。

山極　ゴリラのそばにいることは、人間にとっても安全なんです。

　ゴリラが住む熱帯雨林は見通しが悪いから、ゾウやバッファローみたいな危険な動物が近づいてきても我々人間は気付かない恐れがある。でもゴリラは敏感に察知するから、近くにいる我々もすぐに逃げられるんです。

鈴木　なるほど。でもそれって、山極さんがゴリラのことをよく理解しているからですよね。ゴリラが危険を察知したことを理解できるんですから。

　本来、人間って、そうやって動物と一緒に生きていたんだと思います。現に多くの動物たちが他の動物を観察し、理解しながら生きているように。

ところが、最近になって、人間だけが勝手に「人間とその他の動物」という二項対立を作ってしまった。そのせいで、たとえば言葉は人間だけのものだという偏見が生まれてしまい、「人間とはどういう動物なのか」という問いが忘れられていますよね。

山極 そう思います。動物と人間を分けてしまったからですね。でも、そういう現代だからこそ「人間とはどういう動物なのか」を考える価値はあるでしょう。

そして、そのヒントは、私たちの言葉に隠されているんです。

この章のまとめ

◆動物たちのコミュニケーション手段は言語だけではない。踊りや歌も、重要なコミュニケーション手段。

◆シジュウカラの言葉には、複数の語を組み合わせる文法があることがわかった。

◆他の個体の心を推測したり、鏡に映った自分を自分だと認識する能力を持つ動物もいる。

◆「今」「ここ」以外について語れることは、人間の言葉にしかないユニークな能力だ。

◆だが、大量の画像の記憶など、動物にあってヒトにない認知能力もある。動物はヒトとは違う認知世界に生きている。

Part

3

言葉から見える、ヒトという動物

インデックス、アイコン、シンボル

鈴木　「人間とはなにか」を言葉から探るのが次のお題ですが、最近思うのが、ヒトの言葉と他の動物の言葉を隔てる決定的な違いは、やはり**目の前にないものについてどれだけ饒舌に語れるか否か**だと思うんです。山極さんがタイタスの思い出について語ってくれたときにも触れましたけれど。

シジュウカラは目の前にある天敵やエサについて色々鳴き声で伝え合いますが、昨日の出来事とか、明日の予定について話しているのは聞いたことがありません。まだわかっていないだけかもしれませんけれどね。

でも、僕たちはまさに、そういうことについて頻繁に語り合っています。

山極　おっしゃる通り、そこが一番の違いだと私も思います。見えないものを頭に思い描き、それについて語り始めたところから、コミュニケーションは一気に複雑化したと思う。

鈴木　目の前にないモノや出来事について話せるのは、言葉とその指示対象に関する知識を共有しているからですよね。この能力はどういった背景のもと進化してきたのでしょうか？

山極　我々の使う記号は、インデックス→アイコン→シンボル[*1]と発達してきた、という議論があります。

インデックスは、痕跡。獲物の足跡とか、天敵のフンといった痕跡のことで、類人猿でもそれはある程度理解しているんじゃないかと思います。ただ、先ほどお話しした対称性推論のように、足跡や痕跡からどのようなことを推論できるかは心もとないですが。

鈴木　それなら鳥類でも報告されていますよ。地面に散らばった羽根から、「ここで仲間が天敵に襲われたんだな」と推測することができるそうです。

山極　なるほど。インデックスを理解する力は、類人猿も鳥類も共に持っているのか

＊1【インデックス→アイコン→シンボル】アメリカの哲学者、チャールズ・サンダース・パース（1839-1914年）の用語。パースは記号をこの三種類に分類した。

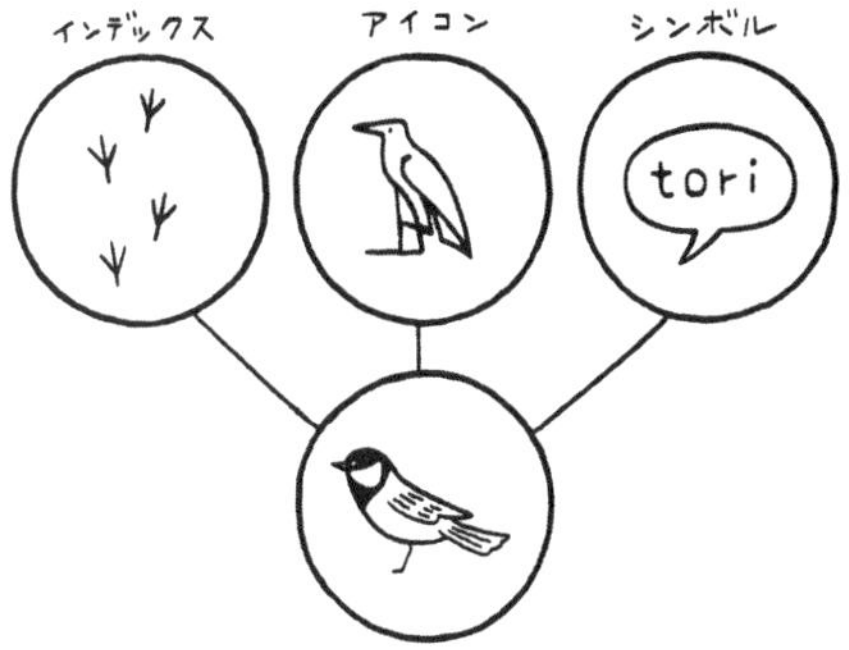

「鳥」を示すにも、足跡のように、その対象と物理的に結びつくようなインデックス、対象を図式化したアイコン、物事と必然的なつながりがないシンボルなど、いくつかの手法がある。

もしれません。
次のアイコンは、意味したい対象によく似た記号ですね。初期の漢字のような象形文字や、簡易化された絵が相当するでしょうか。

鈴木　ヒト以外の動物のコミュニケーションにもアイコンは見られるんでしょうか？

山極　アイコンではないけれど、特定の相手だけに、特定の意図を知らせる信号はありそうです。
チンパンジーに面白い報告があるんです。彼らは一夫一妻制ではなく、ハーレム的でもない乱婚的な社会なんですが、弱いオスはなかなかメスに振り向いてもらえません。そこで弱いオスは、メスの気をひくために、強いオスから少し離れたところで葉っぱをビリビリと破くことがあるんです。
すると強いオスに囲まれたメスがその音に気付き、葉っぱを破いたオスを気に入ると、弱いオスと逃亡して交尾します。

鈴木　その音がシグナルなんですね。

山極　ただ、音の意味は強いオスにはわからない。バレたら妨害されるから、そのオスとメスの間だけで成り立つ意味なんです。

鈴木　なるほど。人間のアイコンとは違うけれど、意味を伝える、共有するという点ではアイコンに近いものなのかもしれないですね。

山極　重要なのは、アイコンはインデックスとは異なり、集団で共有しないといけない点。トイレには男性用か女性用かを意味するアイコンがついていますが、あれは全員が理解できないと困りますよね。

鈴木　たしかに、アイコンは、その指示するものと関連がありますね。インデックスは間接的な手がかりで、アイコンは情報を伝える意図があるという点でも違います。

街でよく見かけるカワラバト。
胸は緑や赤紫に光る。実は原産は地中海沿岸地域。

山極　その次に来るシンボルは、前も少し触れたけれど、対象との関係は完全に恣意的になります。ハトは平和のシンボルとされているけれど、それは人間が勝手に決めただけですよね。

鈴木　シンボルはある意味を伝えるために、実際には関係のないモノやコトどうしを無理やり関連づけたものですよね。

ハトの場合も、実際にはかなり攻撃的で闘争本能の高い鳥ですが、なぜだかハト＝平和と無理やり結びつけられている。１９６４年の東京オリンピックでは外来種のカワラバトが平和の象徴として８０００羽も放たれましたが、今やると大きな問題になりそうです。

言語の場合も、音声や文字もそれだけでは意味を成しませんが、ある意味と恣意的に結びつけられ、機能を得ている。この恣意性は、どのように進化してきたんでしょうか？

手を使うヒト

山極　そこが難しくて、私はやはり、音声だけではなく、身体動作が重要だったと思っています。**ごく初期の人間の言語は、音声も伴っていたかもしれないけれど、ジェスチャーとして始まったのではないでしょうか。**

鈴木　つまり、言語の初期段階は、音声で意味を伝えていたというよりは、身振り手振りでメッセージを恣意的に伝えていたということですか？

山極　鳥や犬は、口でエサにかぶりつきますよね。しかし霊長類はまず、手でつかみます。手でエサを持って、変形させながら食べることがとても多い。人間の脳を見ても手の制御に関する部分はとても広いですから、それだけ、手を使う能力を進化させてきたということです。
その手を表現に使ってきた歴史は、相当長いんじゃないかと思いますね。

鈴木　実際に、ヒトに近縁なチンパンジーやボノボにもジェスチャーはたくさん見つかっていますし、最近の研究で、それらの中にはヒトが理解できるものもある。たしかに、ジェスチャーの起源は音声言語の起源よりも古いのかもしれません。

山極　さらに、霊長類の中でもヒトがちょっと特殊なのは、直立二足歩行をするから手が自由になることです。ゴリラを含め、サルや類人猿は、少なくとも移動中は手を地面につきますから、手は使えない。でも、ヒトは移動中でも手を使えます。

鈴木　たしかにそうですね。移動しながら

ボノボは、哺乳綱霊長目ヒト科
チンパンジー属の霊長類。
アフリカのコンゴ民主共和国のみに生息。
チンパンジーに似ているが、性質は大きく異なる。

手を自由に動かせることは大きい。
直立二足歩行になったことで、歩きながらでも様々な手の動きが可能になった。それを色々な文脈で使い分けることで、その一つ一つに意味が生じた。そして、恣意性を持つジェスチャーが生まれた……ということですね。音声言語の恣意性もその能力が転じたものだと。

山極　さらに、ヒトには歩行という武器もあるから、食べ物を持ち運ぶことができます。でも、ゴリラもチンパンジーも、基本的に食べ物はその場で食べます。
だから、森から出て二足歩行を始めた我々のご先祖は、手に入れた食べ物を安全な場所まで手で持って運んで、そこでみんなで食べたんです。当然、食べ物を手に入れたところを見ていなかったヤツもいたでしょう。

鈴木　そうなると、食べ物を手に入れた事実を知らない個体にも伝える必要が出てくる。つまり……。

山極　そう、目の前ではないところで起こった出来事についてのコミュニケーションが必要になるんです。これはどこそこで手に入れた獲物だとか、安全な食べ物だとか。
そして私は、ご先祖たちは、そういう情報を声ではなくジェスチャーで伝えていたと思うんです。自由に動く手という武器を使わない手はないですから。

鈴木　そもそも、前脚を飛ぶための翼として進化させた鳥類と人間とでは、言語の進化の道筋が違いそうですよね。

言葉を話すための条件

山極　ただし、忘れてはいけないのは、「言葉を扱う能力」と「言葉を話せること」は別だということです。

つい一緒にしてしまいがちだけれど、前者は認知能力の問題、後者は喉や口の作りの問題です。言葉を操る認知能力があっても、喉頭が下がっていたり、歯列がアーチ状になっていたりしないとうまく発音できませんから。

鈴木　わかります。犬を観察していると、人間がしゃべっている内容もかなり理解していそうですが、それと犬が自ら言葉を話せるのかとはまったく別ですからね。

言葉を理解しても、言葉を発せないこともある。正確には、言葉を発することができなくても十分に意思疎通ができる動物では、その能力が進化していない、ということですけれども。

ヨウムはアフリカの西海岸に
生息する大型のインコ。
知能の高さで知られている。

僕たちに近い類人猿には、言葉を生み出すための力、つまり認知能力がたくさん隠れていそうですよね。

山極　アメリカの霊長類学者であるスー・サベージ・ランボー[*2]はこの点に着目して、ボノボについての研究をしました。彼女はジョイスティックつきのPCを用意して、**英語の発音をできないボノボも、英語の文章を理解できている**と主張したんですね。カンジという名のボノボは問いを理解して英語で回答したり、英文を作ったりしたんです。

他にも、アイリーン・ペパーバーグ[*3]によるヨウムのアレックスの実験も有名ですね。

たとえば、**アレックスの前に色のついた図形を並べて「緑色でハート形をしたものを選びなさい」というと、アレックスは選べる**んです。

鈴木　すごいですよね。トレーニングの結果、アレックスは赤や青、丸や四角といった言葉を、概念と結びつけて覚えられたそうです。

＊2【スー・サベージ・ランボー】1946〜。コンピュータを使った、ボノボの認知能力に関する研究が世界的に注目された。

＊3【アイリーン・ペパーバーグ】1949〜。オウムの認知能力に関する研究で知られる。ヨウムのアレックスとの経験を綴った著書『アレックスと私』（早川書房）が有名。

しかも、ヨウムはオウムの仲間なので、人間の発音を真似て発することができる。英単語を覚えて質問に答えることまでやってのけたんです。

山極　アレックスがすごいのは、「ある色で、かつ、ある形の図形」といった複雑な文章も理解できたことです。測定基準にもよるけれど、人間の5歳児並みの知能だったという話もある。

チンパンジーのニムは、1970年代に手話を人間から教わった。ニムのエピソードは後に映画化もされた（写真はイメージ）。

ボノボのカンジも、「バナナを冷蔵庫に入れなさい」といった文章、つまり目的語が二つ登場する文を理解できたようです。

だから、重要なのは音声としてのアウトプットではなく、脳の認知能力です。概念操作の能力と言ってもいいかな。

鈴木　たしかに、アウトプットできるかどうかと、頭で思考できるかどうかは別物ですもんね。

もう一つ有名な研究があって。コロンビア大学のハーバート・テラス博士らがチンパンジーのニムに手話を教えたというもの。ニムも、「ニム、ハグ」とか「ニム、ハグ、キャット」とか、2~3個の単語を手話で並べることはできたそうです。ただし、単語の並びはバラバラで、人間のように文法のルールを使って意味を関連づけることはできなかったそうですが。

こうした、動物に人間の言語を覚えさせていく実験は、人間ができることを他の動物がどれくらいできるのかということに注目したものです。「他の動物にできて人間にできないこと」については調べていないので、少し人間至上主義的な研究デザインのように感じますが、それでも、動物の持つ認知能力のポテンシャルを調べる上では大きな貢献を果たしてきたと思います。

動物も数がわかる?

鈴木　ちょっと話は脱線しますが、概念といえば、動物も数がわかるという研究もありますよね。**ニュージーランドコマヒタキ**[*4]**という野鳥を対象にした研究では、4くらいまでは理解できる**ということでした。

*4【ニュージーランドコマヒタキ】ニュージーランドに生息するスズメ目の小鳥。全長は18㎝。

エサを使って、一つのエサと二つのエサを区別できるかとか、足し算ができるかどうかを確かめるんです。

山極　足し算の能力はどうやって確かめたんですか？

鈴木　特別な仕掛けのトレイを使います。

まず、コマヒタキに見えるようにエサを一つずつトレイに追加します。たとえば、「1＋1＝2」となるように二つのエサを置くわけです。

次に、トレイをシェードで覆います。シェードの内側には仕掛けがあって、コマヒタキから見えない場所で実験者がエサの数を増やしたり減らしたりできるようになっている。たとえば、トレイに2つエサを入れても、実験者がシェードの下でエサをこっそり一つ減らすと、シェードを取り除いて再度呈示したトレイには、一つしかエサが入っていないことになり

特殊な実験器具を用いて
1＋1＝1となる様子を見せると、
ニュージーランドコマヒタキは
普段より長く注視した。
生物心理学者のアレクシス・ガーランドと
分子生物学者のジェイソン・ローの研究。

アカゲザルはニホンザルと同じ
マカク属の仲間で、心理学や
医学の実験によく使われている。

ます。つまり「1＋1＝1」ということです。

そういう、足し算の概念があれば違和感を覚えるような状況を作り上げて、コマヒタキがびっくりする、あるいは不思議がる時間を調べる実験です。

びっくり度合いは、人間の赤ん坊を対象にした実験でもやるように、注視時間で測ります。人間の大人もそうですが、動物はびっくりさせられた対象を注視しますからね。

山極　アカゲザルを対象に数の認知能力を調べた実験もあって、それだと5〜6くらいまでは数えられるという結論でした。

鈴木　動物のコミュニケーションにも、ひょっとしたら数の認識が関わっているかもしれません。

カラスの鳴き声はシジュウカラなどとは違って割と単純なんですが「カアカア」と繰り返しが多いのが特徴です。でも、その繰り返しの回数が、天敵の種類を表現しているかもしれない。大したことのない天敵には「カアカア！」くらいでも、すごく怖い天敵には「カアカアカアカアカア！」って鳴き分けたりするんですね。アメリカコガラという小鳥でも似た現象が知られています。

モールス信号じゃないですが、声のバリエーションが少ない鳥は、繰り返しの回数も情報になっているかもしれません。

山極　なるほどね。

とはいえ、彼らが認識した数と我々人間が考える数が同じだという証拠はありませんよね。人間は数学のように抽象的な数を扱うけれど、動物にとっての数は違うんじゃないか。

鈴木　数の抽象化ですね。たしかに人間の場合、当たり前のように抽象化をしています。鳥が3羽いても、車が3台あっても、同じ「3」という数字で表します。ですが、動物によっては、群れの数は数えられるけれど食べ物の数は数えられないとか、色々ありそうですね。

でも、先ほどお話ししたヨウムのアレックスの場合、数の抽象化もできるんです。たとえば、赤のブロック、緑のブロック、青のブロックを2個、3個、4個見せて、「青は何個？」と質問すると、ちゃんと「4個」と答えることができるそうです。同様に、赤のブロックや緑のブロックも数えることができる。色を認識すると同時に、数も認識できるようです。

山極　ニホンザルを観察していて、面白い経験をしたことがあるんです。

群れが大きいほど勢力が強い傾向があるんですが、その場合の群れの大きさが個体の総数なのか、オスの数なのか、あるいは大人のオスの数なのかがわからない。この文脈では、どれがニホンザルにとっての数を意味しているのでしょうか。

人間だって同じですよ。ゴリラの観察のためにアフリカの村に行って「この村には何人住んでいるんですか」と聞いたら、大人の男の数を答えたんです。女性と子どもは「何人」には含まれていないんですね。

鈴木　自分たちの認知のしかたが唯一、ではないんですよね。人間の場合であっても、文化によって数える対象が異なることはたしかにありそうです。可算名詞か不可算名詞かという概念も、中学で英語を勉強するまでまったく意識していませんでした。

動物たちの文化

鈴木　文化といえば、**動物にも文化があります**。有名なのがイモを海水で洗って食べる宮崎県串間市の幸島のサルですが、鳥にも文化があるんですよ。

たとえば、イギリスのシジュウカラには、家庭に配達された牛乳瓶の蓋をめくって、上に溜まっている脂肪分を食べる文化がありました。あっちの牛乳はホモジナイズ（均質化）されていなかったので、上に脂肪が溜まるんですね。

山極　その行動が文化として広まったわけですね。

鈴木　そうです。あるときどこかのシジュウカラが始めたのが、25年でイギリス全土に広まったと言われます。

この現象で重要だったのは、単なる模倣ではなくて、世代を超えて継承された点です。単に模倣するだけだと「社会的学習」ですが、世代間で引き継がれた以上、文化と呼べるわけですね。もっとも、人間の側が牛乳瓶の蓋を開けにくいように改良してしまった結果、この文化は滅びてしまったんですが。

山極　文化は人間だけのものではないわけですね。

鈴木　かつては、動物たちの「文化」は他の行動、たとえば木の皮をめくる行動を牛乳瓶に当てはめただけなので文化とは呼べないんだ、まったく新しい行動を発明するヒトの文化は特別なんだ、という意見も根強かったのですが、いまの動物研究者は普通に「Ｃｕｌｔｕｒｅ」（文化）という言葉を使います。

他にも面白い例があって、オーストラリアにキバタンというオウムが生息しているんですが、２０１０年代に彼らの間でゴミ箱を開けて中の食べ物を漁る文化が発生したんですね。これも、ごく少数のキバタンが始めたのが、あっという間に広まる様子が観察されています。

興味深いのは、ゴミ箱の開け方が地域によって違うことです。まるで人間のように、**動物にも文化差がある**んですよ。

キバタンはオウム科の鳥。漢字では「黄巴旦」と書くが、この巴旦とはオウムのこと。江戸時代に輸入されたオウムの多くがスマトラ島のパダンやジャワ島のバンタムから出荷されたことに由来するという説がある。

山極　面白い。

鈴木　文化って、言語と密接な関係にあると思うんです。言葉は道具みたいなものだし、リンゴを「リンゴ」と呼ぶ文化も、最初に誰かが始めたものが他の個体に広まっていったわけですよね。そして方言のような文化差もある。

言葉の進化は文化の進化にとても近いと思います。

多産化と言葉の進化

鈴木　話を言葉の進化に戻しましょう。ジェスチャーのお話は先ほど伺いましたが、音声言語はどのように生まれたと思いますか？

山極　私が関心を持っているのは、**親が赤ん坊に話しかけるときの「インファント・ダイレクテッド・スピーチ」です。あれは音声言語のルーツの一つじゃないかと思っています。**

鈴木　「おー、よちよち」みたいな感じの、親から乳児への語りかけですよね。

山極　まだ言葉がわからない赤ん坊に向けたインファント・ダイレクテッド・スピー

チは、ピッチやトーンが重要な、いわば音楽的な言葉ですよね。しかも、どの文化圏でも似たような傾向が認められています。つまり、人類に普遍的な面がある。

鈴木　なるほど。となると、僕たちの祖先に、どこかのタイミングで、インファント・ダイレクテッド・スピーチが必要になる条件があったはずですね。

山極　そうなんです。そこで私が目をつけているのは、多産化です。

ゴリラやオランウータン、チンパンジーといった人間ではない類人猿の赤ん坊は3年から7年もお乳を飲みますから、母親はつきっきりで、その間は妊娠できません。ですが、人間の赤ん坊は2年足らずで乳離れしますから、母親はたくさん赤ん坊を産めます。年子を産むという霊長類としては例外的な能力まで身に付け、近代になっても10人近い子を持った母親もいますよね。

鈴木　多産の能力を手に入れたのも、直立二足歩行を獲得し、森から出たからでしょうか。

山極　そうです。安全な森とは違い、人類が進出したサバンナはライオンや剣歯トラといった大型肉食獣が多いのに、森のように身を隠せる場所が少ないから、危険だったんです。

その環境への対抗策の一つが、産む赤ん坊の数を増やすことでした。今でも、草原に住むサルは森のサルに比べると、赤ん坊の数が多い傾向があることがわかっています。だから、ヒトの母親はたくさんの赤ん坊を相手にする必要がありました。

鈴木　なるほど。赤ん坊の死亡率が高いから、とにかくたくさん産まなくちゃならない。そうなると手がかかる赤ん坊を、同時にたくさん育てる必要が出てくるんですね。

山極　そうです。そのためにヒトが生み出したやり方が、集団で育てるやり方です。他の霊長類のように、母親だけが育てるわけではないんですね。

鈴木　なるほど。そして、たくさんの赤ん坊を同時に育てるときに、音声言語が進化したとお考えということですね。

人間の言葉も育児から始まった？

山極　そうです。音声には、他のコミュニケーションより効率的な面があるからです。サルのコミュニケーションの一つに毛づくろいがありますが、あれは一対一か、列になってもせいぜい3、4頭がグルーミングしあうのが限界です。でも、**声なら同時に10頭以上に情報を伝えられるし、離れていても大丈夫。接触に代わる効率的なコミュ**

ニケーション手段が声だったと思うんです。
そしてそれは今もなお、インファント・ダイレクテッド・スピーチに痕跡を残しているんじゃないかな。

鈴木　なるほど。
森から進出した僕たちの祖先で多産化が進化し、同時に複数の赤ん坊に対して音声で語りかけるようになった。それが現代のインファント・ダイレクテッド・スピーチの音楽的なピッチやトーンにつながっているということですね。たしかに、あるかもしれないです。

山極　お母さんが赤ん坊を安心させる子守歌のような音声も広義のインファント・ダイレクテッド・スピーチですよね。それが、子育てに協力し始めた他の大人の間に広まっても不思議ではありません。

鈴木　大人から大人へ広がったということでしょうか？

山極　そうです。
人間は多産で、比較的、養育期間が長い種です。だから子持ちの親が子どもと共に暮らさざるを得ない。そういった環境で、母子間で交わされていたような音楽的な対話が他の大人にも広がっていったんじゃないだろうか。

そしてその対話は、大人の間にも、あたかも母親と子どもの間に生まれるような効果をもたらした。それが、共感と、一体化です。感情を共有して集団として一体化することは、進化の上でも大切なことですから。

鈴木　なるほど。

もともとは子守歌のように働いていたインファント・ダイレクテッド・スピーチが、多産になった僕たちの祖先の間では、大人どうしでの共感性を生み、団結するための機能を持った。音声の聞き手は、親子間のような一対一の関係に限らず、複数いても大丈夫ですから、そういう進化のシナリオもあるのかもしれません。

共感し、一体化する方法は、音声の他にはなかったのでしょうか？

山極　踊りも同じような役割を果たしたのではないかと考えています。二足歩行を始めたことによって上半身と下半身を別々に動かせるようになり、さらに腕が自由になって、踊れる身体を手に入れたわけですから。

鈴木　二足歩行の進化は、手によるジェスチャーだけでなく、踊りも可能にしたということですね。

山極　複数人で身体動作を同調させる、つまり踊ることには、歌と似た効果があります。だから、**踊りと音楽的な声は、狭義の言語が生まれる前から存在したコミュニ**

ケーション手段なんじゃないか。

鈴木　たしかに、踊りや音楽によって共感性は高まりますよね。実際に今でも、たとえば国際学会の懇親会では必ずと言っていいほどダンスパーティーがあったりしますし、それで一体感が生まれますよね。文化や言語が違っていても、踊りや音楽で共感し、一体化するのは万国共通。

山極　今でも、音楽や踊りには国や地域を超えた普遍性がありますからね。言葉が通じない外国人でも、歌や踊りによって感情を共有することはできる。そのことも、言語が成立して分化する前にコミュニケーション手段としての音楽や踊りが存在したことを示唆していると思います。

鈴木　なるほどなあ。

そういえば、鳥類にも複数の個体でデュエットをする種類とか、求愛時に音声と踊りを組み合わせる種がたくさんいます。身体動作を同調させて、共感性を高めるという習慣は、社会性を獲得した動物種に広く見られるのかもしれません。

山極　共感の能力は、人類が地球上に広がるためには欠かせなかったはずです。

アフリカで生まれた人類がユーラシア大陸に広がるには、アフリカ大陸の北東部を通らなきゃいけない。でも、あのへんは、ライオンなどの肉食獣がうようよしているし、隠れる森もないしと非常に危険な地域です。

　人類がそこを越えるためには、集団としての力が必要でした。だから集団のサイズがだんだん大きくなり、その集団をまとめる共感の能力が、音楽的な言葉や踊りを媒介として広まったんじゃないか。

音楽と踊りの同時進化

山極　繰り返しになりますが、踊りの発生は、音声の発生とセットなんです。どちらも直立二足歩行が条件ですから。
　手足をついて両手・両足で歩いていると、前肢に体重がかかって胸が圧迫されますから、大きな声が出せません。サルも大きな声を出すときには、木の上に座るか、地面で立つかして胸を楽にしますよね。
鈴木　立つと上半身が自由になるから、人類は踊りも手に入れた。それがちょうど歌うにも適した姿勢だった。これらの進化は関連しているわけですね。
山極　そう。そもそも、音楽は必ず踊りを伴います。私がいたアフリカでもそうでした。

でも、音楽は化石に残らないから軽視されてしまう。音楽で一番大事なのはリズムだから、木の枝で石を叩くだけでも音楽だし、拍手だって音楽だけど、化石にはならないからね。

私は、我々人間が二足で立って歩いているのは、我々が踊ることになった原因ではなくて、結果であるとさえ思います。**踊るために直立二足歩行を始めた**んじゃないかと。

鈴木　それほど、人類にとって踊りが重要だったと？

山極　そうです。

だって、ヒト以外の類人猿は今も森を出られないんです。天敵が来たら木の上に逃げないといけないから。

だけど、ヒトが進化したサバンナには森がないから、なんとかして天敵に立ち向かわないといけない。ときには、自分を犠牲にしてまで集団のために行動する必要だってあったでしょう。

だから他者に共感する力が必要になり、そのための踊りや音楽が進化したんだと考えています。「共感」というと言い尽くされた言葉にも聞こえるけれど、我々人類にとってはとても重要なものだったんだと。

鈴木　なるほどなあ。そういえば鳥の場合も、都市に出てくる鳥は、群れを作る種類が多いような気もしますね。そして、よく互いに鳴き交わしています。

山極　私はアフリカで、かつてピグミー[*5]と呼ばれていたムブティ人の踊りを見たことがあるんですが、あれは人類の踊りの原型だと思うな。

　彼らはまず、ポリフォニーという音を出すんです。ポリフォニーというのは、一人一音ずつ異なる音を出して、大きな音の流れを作るもの。だから、歌というより音楽なんですね。

　そうやってポリフォニーを奏でながら、輪になって踊るんです。輪だからどこにも起点や終点はなくて、みなが平等。そうやって身体を同調させ、共感していたのが人類じゃないかな。

鈴木　ほとんど研究されていないんですが、実は、鳥にも似た現象があるかもしれません。

　夕方、駅前の電線とか公園の木とかにスズメやムクドリが集まって、群れでずっと鳴いていますよね。「集まれ」という鳴き声だったりするんですが、もうみんなねぐらに集まっているわけだから、鳴く必要はないはずなんですよ。逆に、一斉に鳴くことで天敵を呼び寄せるリスクさえある。

　だから、あの行動は謎なんです。一カ所に集まることでエサ場や天敵についての情

＊5【ピグミー】中央アフリカの熱帯雨林に住む、非常に小柄な人々の総称。特定の民族ではない。

報を交換しているんだ、という「情報センター仮説[*6]」もありますが、それにしてもあんなに鳴く必要はないと思う。

でも、今の山極さんの話を聞いて思ったんですが、もしかしたら歌っているのかもしれません。同調し、共感を高めて一体化しているのかもしれないですね。危険な夜に肉食獣などが近づいてきたら、一斉に群れで対応しなくてはいけない。そういった場面でも一体化することは重要だと思うんです。

山極　たしかに、興奮や喜びを共有しているのかもしれないね。

ヒトに限らないけれど、集団で興奮を共有しているからこそ可能な行為ってありますよね。敵の集団に打ち勝つとか。強い感情の共有がなければできないことです。しかし、興奮しているだけでは集団としての行動はできません。そこで必要になるのが、言葉ではないか。「あそこを攻撃せよ」とか、一定の目標を与える。

つまり、言葉は、感情のエネルギーを制御して方向性を与える役割を持っているんじゃないか。

鈴木　なるほど、言葉の意味というのは、そういうところから生まれてきたのかもしれないですね。

山極　逆に、感情を伴わない言葉が力を発揮できないのも同じ理由だと思います。い

＊6【情報センター仮説】
鳥のコロニーは、エサなどについての情報を交換するために進化したとする仮説。

くら言葉で明確な指示をしても、集団を動かす共感や感情のエネルギーがなければ実行できません。

そのエネルギーを生むためには音楽的な言葉が必要で、それは母子間の対話に一つの由来を持っているかもしれない。

鈴木　たしかに、言葉から感情を察するのって、ひょっとしたら、音楽を聴いたときに明るく感じたり暗く感じたりするあの感覚と似ているのかもしれないですね。

俳句と音楽的な言葉

鈴木　僕は、言語には恣意性があるといっても、まったくランダムに音に意味が割り当てられているわけでもないと思うんです。

僕が研究しているシジュウカラは、英語だと「Tit」って呼ばれるんですが、原義は「小さい」という意味なんですよね。そして、日本語でも小さいことを「ちっちゃい」なんて言うじゃないですか。

なんだか音が似ていませんか？

山極　言語学でいう音象徴《おんしょうちょう》*7ですね。今の例だと、「イ」（i）という母音は、文化差を超えて、小さいものを指す際に使われる傾向があるようです。

鈴木　「イ」は日本語の母音の中で、発音時の口腔内の面積が最も小さいので「小さい」を意味するとか、そういう形で音と意味との関連を調べる研究もあるみたいですね。

山極　芸術家は、そういうことをよく知っていたのかもしれません。

アメリカ出身の日本文学評論家であるドナルド・キーン*8さんが、歌人の松尾芭蕉について面白いことを書いているんですよ。

芭蕉に「閑さや岩にしみ入る蟬の声」という有名な俳句があるでしょう。キーンさんいわく、あの俳句のすごさは、ローマ字にするとよくわかるというんです。

「閑さ」「岩」「しみ入る」と、「i」がたくさん使われているんですが、それが、芭蕉が詠ったニイニイゼミの鳴き声なんだと言うんですね。

鈴木　たしかに、ニイニイゼミは「ジー……」と「i」の音で鳴いているように聞こえますよね。

山極　キーンさんは「夏草や兵どもが夢の跡」についても論じていました。詠嘆の「O」がたくさん入っていると。びっくりしたり、感激したときに「おお」という声が出るのは文化を超えた傾向であり、かつ感情の表現でもある。

***7【音象徴】** ある言語の中で、特定の音が特定の意味と結びつく傾向のこと。たとえば、母音の「ア」は「イ」に比べると大きいイメージと結びつきやすい。大小の机に対し「どっちがマルで、どっちがミル？」と尋ねると、多くの人は「大きい机＝マル」と答えるという。

***8【ドナルド・キーン】** 1922-2019年。アメリカ出身の日本文学研究者。英語圏への日本文学の紹介に尽力した。

優れた詩人は言葉を使って、そういう「意味以前」の感情を表現しているんではないでしょうか。

鈴木　たしかに。山極さんがおっしゃるように、お母さんの赤ちゃんへの語りかけや感情による発話の音が、現代の母音や子音の響きとして残っているのかもしれませんね。

育児の負担から発生した分配行動

山極　先ほどお話しした母子間の会話が大人どうしのコミュニケーションとして広がっていったという仮説ですが、それと関係するテーマに分配行動があります。

鈴木　フードシェアリングですね。

山極　類人猿にはおおむね食べ物の分配行動が見られます。ニホンザルやヒヒはまったく分配しませんが、タマリン*9やマーモセット*10といった南米の小型のサルは、けっこう分配します。

つまり、すべての霊長類が分配するわけではなくて、種によって差があるんですが、よく観察すると二つの傾向が見いだせるんです。

＊9【タマリン】パナマ、コロンビア北西部、アマゾン川流域の大部分などに住む、リスほどの大きさのサル。寿命は10年から16年。

＊10【マーモセット】南米に生息する小型の霊長類。タマリンを含む亜科としての総称。

一つ目の傾向は、大人の間で食物の分配が見られる種では大人→子どもへの分配も起こるのに、大人→子どもへの分配がある種では、必ずしも大人どうしでの分配が見られないこと。

鈴木　つまり、大人→子どもへの分配が起こる種の中にも、大人間での分配をする種としない種がいるということでしょうか。

クチヒゲタマリンは中南米の熱帯雨林の
樹上に生息する霊長類。果実や昆虫を食べる
雑食性だが、食物の分配行動が確認されている。

毛の美しさからキヌザルとも呼ばれる
コモンマーモセット。南米に生息する小型の
霊長類で、樹上で生活する。昆虫や果実、
木の葉、根など植物質のものを食べる。

山極 そうです。これが何を意味しているかというと、**分配行動は、まず大人から子どもに対して発生して、やがてそれが大人の間にも普及した**のではないか、ということです。

鈴木 なるほど。インファント・ダイレクテッド・スピーチも、大人から子どもに対してまず発生し、それが大人どうしに転じて踊りや音楽につながったとおっしゃっていましたよね。フードシェアリングもインファント・ダイレクテッド・スピーチも、進化の順序が同じということですね。

山極 フードシェアリングに見られるもう一つの傾向は、育児の負担が大きい種では分配行動が見られやすいこと。

さっき言ったタマリンやマーモセットは多産で、双子や三つ子が普通なんです。だからお母さんだけで赤ん坊を育てるのは難しくて、年上の子どもやオスたちも分担して育てるんですね。赤ん坊を背負って。

でも彼らはお乳が出ないですから、自分たちの食べ物を赤ん坊に分け与えるしかない。やがてその行動が大人どうしにも広まっていったんでしょう。

昔は、分配行動は脳の大きな知的な種に見られる行動だと思われていたんですが、そうじゃないことがわかってきた。だって、小さなタマリンやマーモセットもやるんですから。

鈴木　なるほど。子どもの数や育児への負担が違ってくると、音声だけではなく、食べ物を分配するかどうかといったところまで影響して変わってくる。共感性や協力行動の進化とも関連していそうですね。

意味の発生

鈴木　ただ、大人から子ども、あるいは大人どうしでの音声や踊りによる共感が進化したとしても、そこに皆が共有できる抽象的な「意味」が加わるのはもう少し後の話ですよね？

山極　そうですね。

鈴木　僕は、**鳴き声の意味の由来の一つは、社会関係だと思う**んです。というのも、鳥の「危ない」とか「集まれ」といった鳴き声は、群れ全体の動きを統制する声なんですね。ひょっとしたら人間も同じなんじゃないかと。

複雑な社会の中では、協力や騙し、駆け引きなど様々な相互作用が生じる。そうした社会の中でうまくやっていく必要が生じ、言語が進化したという可能性はないでしょうか。

山極　それもあるかもしれません。イギリスの進化生物学者のロビン・ダンバー[*11]は、人間の脳が大きくなり始めた200万年くらい前に、人類の集団のサイズも大きくなり始めたと指摘しています。社会が複雑になるにつれ、脳も大きくならざるをえなかったという、いわゆる「社会脳仮説」です。

社会というと群れを想像するかもしれませんが、求愛や子育てといった文脈も大切ではないかと思います。

鈴木　たしかにそうですよね。シジュウカラの場合も、群れ社会だけでなく、つがい間や親子間でもたくさんの鳴き声を使い分けますし、そこに意味が生じたのだと思います。

それと、環境の複雑さも重要ではないかと思うんです。野鳥の場合は、本当に色々な天敵に襲われるリスクがある。でも、どのようにして身を守るべきなのかは、天敵の種類によって異なるはずです。たとえば、ヘビに対してはまずどこに潜んでいるのか把握することが大切ですが、タカが襲ってきた場合には一目散に藪に逃げたほうがいい。

＊11【ロビン・ダンバー】
1947-。イギリスの研究者。人間の個体が安定的な関係を築けるとされる人数の上限を指す「ダンバー数」の提唱で知られる。

そうした、天敵の多様性や環境の複雑さが、異なる鳴き声とそれに付随した意味を進化させたのではないかと考えています。

山極 たしかに環境も重要ですね。

鈴木 先ほどの社会脳仮説は有名ですが、進化には制約がつきものですよね。人間の場合、脳の巨大化に歯止めをかけるものっていったいなんなのでしょうか？

山極 骨盤の形状でしょう。二足歩行を始めたせいでヒトの女性の骨盤の形状が変わり、あまり頭の大きな赤ん坊を産めなくなってしまった。

鈴木 なるほど。二足歩行の進化もいいことばかりじゃないんですね。たしかに現代でも、帝王切開で出産する方が多くいらっしゃるのは、骨盤の幅が十分ではない証拠ですもんね。本当にギリギリのサイズの赤ちゃんを産んでいるということですし、よく考えたらすごい進化だ。

山極 そうなんです。

そこで我々のご先祖は、まだ頭が小さい状態で赤ん坊を産み、他の類人猿よりも長い時間をかけて育てることになりました。ゴリラの赤ん坊の脳は4年ほどで大人と同じサイズになりますが、人間の脳はティーンエイジまで成長を続けますから。

鈴木 なるほど。たしかに人間の成長期って、かなり長いですもんね。二足歩行を獲得した結果、骨盤の幅が小さくなってきた。そこで、頭が小さい子どもを産んで、時間をかけて子育てをするように進化が進んだ。頭を小さくするような進化が起きなかったということは、それだけ知性が重要だったということですね。

道徳と美徳

鈴木　少し話はそれますが、僕たちの社会を強く規定している道徳みたいなものも、言葉と関連して生まれたんでしょうか。

山極　言葉と関係があると思います。

これは言葉と音楽の違いとも関係するんだけど、人間には、道徳と美徳がありますよね。

道徳は、みんなが守るべきルール。でも美徳には、道徳と重なる部分もあるかもしれないけれど、美がある。そして美は共感を呼び覚ますけれど、言葉やルールのような意味はない。音楽的な存在です。

鈴木　道徳は言語によるルールに近くて、美徳は感情によるものということでしょうか。

山極　私は、まず美徳が先にあり、それが道徳へと進化したんだと思う。動物を見ていても、ゴリラのドラミングやクジャクの羽根みたいに、特にオスには美しさを誇示する傾向がありますから。

鈴木　ただ、動物にとっての美を定義するのは難しいですね……。

山極　難しいです。でも、「ハンディキャップ理論[*12]」は一つのヒントかもしれないと思っています。

鈴木　イスラエルのアモツ・ザハヴィさんが唱えた理論ですね。クジャクのオスの極端に大きくて派手な羽根や、ライオンに追われるガゼルの飛び跳ね行動といった、一見、生物として不利な特徴や行動は、「オレはハンディキャップを負っていても問題ないくらい強いんだぜ」というシグナルだ……という理論です。

山極　彼の理論からいくと、成熟したオスのオランウータンの顔に現れるビラビラ、あれをフランジっていうんだけど、フランジは典型的なハンディキャップですね。彼が愛知県にある日本モンキーセンターに来たときに、そう言ってたそうです。

鈴木　あの人、僕もお会いしたことがあるんですけど、なんでもハンディキャップだって言うんですよ。ラクダのコブを見たら「ハンディキャップ」、ゾウの牙を見ても「ハンディキャップ」（笑）

＊12【ハンディキャップ理論】クジャクの羽根など、一見、生存に不利そうな表現型を説明するための仮説。他にガゼルの飛び跳ね行動などが有名。

危険な美

山極　フランジがあると横がよく見えなくなって不利なんだけど、それでも元気でいられるのは強い証だから、メスに選ばれる。だからハンディキャップが進化してきたというんだけど、それは美の感覚と関係あるかもしれないね。

鈴木　そうですね。クジャクの羽根なんて、人間から見ても綺麗です。

山極　オランウータンのフランジに関して一つ面白いのは、すべてのオスにフランジが現れるのではない点です。縄張りを持たないオスにはフランジが現れないんです。

鈴木　テストステロンレベルなど、ホルモンバランスの影響でしょうか。

オランウータンのフランジ。
英語で「でっぱった部分」を意味するように、
頬に大きなひだが現れる。
集団でフランジを持つオスは１体で、
そのオスがいなくなると
別の個体にフランジが現れる。

マンドリルはアフリカの熱帯雨林に住む
ヒヒの仲間。
鮮やかな色の鼻筋が特徴。

山極　たぶんそうだね。ところが、縄張りを持っているフランジのあるオスが死んで、フランジのないオスが新たに縄張りを持ち始めると、その個体にもフランジが現れるんです。

　つまり、社会的な状況や地位に合わせて姿かたちが変わるんですね。これは霊長類には多かれ少なかれ見られる現象で、たとえばマンドリルのオスは、群れのリーダーになったとたんに顔の色がすごく鮮やかになります。

鈴木　鼻筋が赤くてその両脇が青いという、ものすごい色ですよね。自然界に青は少ないから、目を引きます。

　目を引くということは天敵にも発見されやすいことでもあるから危険なんですが、ハンディキャップとしての美しさがあるっていうことなのかな。僕はそういう「危険な美」の進化は、性淘汰によるんじゃないかと思っています。

山極　性淘汰。異性獲得の競争による進化ですね。

平たく言えば、モテる特徴が進化するということ。クジャクの羽根があんなに派手になったのも、派手な羽根を持つ個体がメスに選ばれ続けてきた結果です。
一般にオスのほうが派手な動物が多いのも、性淘汰の結果でしょう。

鈴木　ニワシドリという鳥のオスは、青とか珍しい色の素材を使って非常に凝ったあずまやと呼ばれる構造物を作るんですが、それもメスに受け入れてもらうため。美的感覚って、そういうところから生じたんじゃないかな。

自己犠牲の謎

山極　美徳の話に戻すと、溺れそうな子どもを水に飛び込んで助ける行為は、ルールじゃないから道徳ではないけれど、美徳ではあるよね。つまり美がある。その美の感覚も少し近いかもしれない。
ただ、今の例のような自己犠牲は難しい問題で、チャールズ・ダーウィン[*13]も悩みました。だって、死んじゃったら子どもを残せないじゃない？　その理屈からいくと、自己犠牲的な行動が淘汰されずに進化してきた理由が説明しづらい。

＊13【チャールズ・ダーウィン】1809-1882年。ガラパゴス諸島などでの観察から進化論を唱えたイギリスの学者で、主著に『種の起源』がある。

オーストラリアとニューギニアに生息するニワシドリ。オスが、メスと交尾するためのあずまやを作ることで知られる。

鈴木　その矛盾を説明する理論が「血縁選択説」ですよね。

ある個体が子どもを残せずに死んじゃったとしても、その個体と遺伝子を多く共有しているきょうだいなどの親戚が子どもをたくさん残せば、死んじゃった個体の遺伝子も増えていくことになる。簡単に言えばそういう理論です。

代表的な例が働きバチや働きアリですよね。彼らは子どもは持てないけれど、姉妹である女王バチや女王アリがたくさん子どもを産むから、その子どもたちを通して自分の遺伝子を残すと。

人間を例に出すと、子どもを一人持つのと、甥や姪を二人持つのとでは、次世代に引き継がれる遺伝子の合計は、期待値でいうと等しいことになります。

山極　遺伝子や個体単位の話とは別に、集団（群）単位での淘汰を考える群淘汰[*14]モデルも、最近は盛り返してきています。**ある個体にとっては不利な自己犠牲的な行為で**

＊14【群淘汰】個体や遺伝子単位ではなく、集団単位で自然選択による最適化が進むという考え方のこと。

も、群れ全体にとって有利ならば進化する、というね。

鈴木　個体単位では不利でも、集団全体としてのパフォーマンスを高める行動が進化することはあると思います。

シジュウカラの場合、他の種の鳥と混群している状態でも、天敵を見つけた個体は真っ先に警戒声をあげて、周囲に天敵の存在を知らせるんですよね。利己的に考えれば、天敵に見つかりやすい警戒声をあげるのは不利です。黙って逃げるのが一番いい。だけど、群れの他の個体にとっては天敵の存在を教えてもらえるのはありがたいですよね。そういう警戒声は色々な動物で確認されています。自己犠牲的な行動です。

山極　しかし、混群ですよね。

鈴木　そうなんです。この場合、混群しているわけですから、群れの中には血縁関係がない個体が多いわけです。要するに、赤の他人ですよね。

だから、鳥の警戒声を血縁淘汰で説明するのは難しいんです。

山極　たとえば、警戒声を出した個体が、絶対に天敵に食べられるとは限りませんよね。お前の警戒声のおかげで仲間が助かったということで、繁殖のパートナーを見つけやすくなるかもしれない。

鈴木　リスクを冒して警戒声を出すとモテるから、警戒声みたいな自己犠牲的な行為が進化した可能性はありますよね。

いずれにしても、美徳や道徳はそういうところから生まれたんじゃないかと思います。

山極　そこで、言語が重要になるんです。

特に人間の場合、言語によるコミュニケーションが進化していますから、ある個体が自己犠牲的行為で死んでも、その親族の評判が上がって血縁の子孫をたくさん残すことにつながりやすいかもしれない。「この人の親戚は、集団のために自分を犠牲にして死んだんだ」という情報を言葉で共有できますからね。

鈴木　遺伝子は残せなくても、言葉によって受け継がれ、評判を残せてしまうということですね。

山極　ただ、皮肉だけれど、そういう利他的な行為が暴力や戦争につながっている面もあります。

『Ｈｕｍａｎｋｉｎｄ 希望の歴史』（文藝春秋）という本の著者ルトガー・ブレグマンが言うには、人間は敵が憎くて戦争をするわけじゃない、仲間のためにやるんだっていう結論なんです。人間は本質的に戦争が好きなんじゃなくて、仲間を守るために、あるいは信頼を裏切らないために戦場に行く、という主張でしたね。

鈴木　たしかに、戦場では仲間意識やそこから生じた美徳の観念が、自己犠牲につながることが起こっていそうですよね。それを美徳とされてしまうと戦争が正当化されてしまう気もしますが……。

山極　動物は滅多に殺し合いはしません。**霊長類のケンカは、必ず仲直りがセットだし、衝突を避けるためのコミュニケーションもあります。**

見通しが悪い森に住むマウンテンゴリラ[*15]は、草むらの向こうにいる他の個体に対して「ウホホッ」という問いかけをする。クエスチョン・バークと呼ぶんですが、日本語にすると「誰だ？」という感じの、ちょっと威嚇を含んだ声です。これは、即座に答えないと攻撃されます。

鈴木　ちなみに、なんて答えればいいんですか？

山極　「グッグフーム」で大丈夫。「ダブル・ベルチ」（二重のゲップ音）というんですが、これは個体によって違うから、茂みの中にいるのが誰かわかります。

鈴木　完全に会話ですね。

＊15【マウンテンゴリラ】
ウガンダやコンゴ民主共和国の一部の森林に住むゴリラ。

霊長類のケンカの流儀

山極　もちろん、ゴリラどうしでも殺し合いに至ることがまったくないわけではありません。特にメスをめぐるオスどうしの争いは凄惨です。

ただし、それはメスがどっちつかずの態度をとった場合であって、メスが一方のオスを選んだら、他方のオスは大人しく引きさがります。

鈴木　鳥でも、繁殖をめぐる殺し合いはいくつか報告されています。木の穴とか、特定の場所だけに巣を作る鳥だと、巣を作れる場所が限られるから、そこをめぐる殺し合いもあります。

でも、基本的にはそこまでは至らなくて、ケンカの前のディスプレイ行動で終わりますね。シジュウカラなら、胸のネクタイみたいな模様を見せつけるんです。「自分はお前より強いから無駄な争いはやめろ」というメッセージです。太いほうが強いんです。

山極　そもそも、戦い＝長期的な勝敗を決めるもの、という思い込みは人間独自のものですね。
　たとえば、サルもエサや交尾相手をめぐって戦って、その場での勝ち負けはあります。けれど、勝ち負けを決めるのが目的ではなくて、仲直り行動とセットになっています。

鈴木　毛づくろいとかですか？

山極　色々あって、一対一でケンカするサルだと、当事者だけで仲直りしないといけませんよね。
　どうするかというと、ケンカで傷を負ったりエサ場から追い出されたりしたサルと勝ったサルが再会したときに、勝った側が知らんぷりするんです。あるいはお互いにグルーミングしたり、抱き合ったり。ケンカの後は接触が増えることがわかっています。サルは四六時中群れの中にいるから、離れて暮らせないんですね。そういう条件の下で進化した行動かもしれません。

鈴木　なるほど。

山極　まあ、サルの場合はその場限りの勝敗をつけるとも言えます。勝った側は毛を逆立てて相手を睨み、負けた側はグリメイス*16といって歯茎を見せて相手に媚びる、という風に、勝ち負けの態度がはっきりしています。それに、周囲のサルが優勢なほう

＊16【グリメイス】上下の歯茎をむき出しにする、一種の表情。ヒトの笑い顔に似ている。

を応援して、さっさとケンカを終わらせるんですよ。ウィナーサポートと言うんですが。でも、**ゴリラのケンカには勝ち負けがありません。必ず第三者が仲裁に入りますし、絶対に勝ち負けをつけない形で仲裁する**んです。もし一方が負けそうになったら、第三者は劣勢の側を応援して、勝ち負けがつかないようにする。それをルーザーサポートと呼びます。

鈴木　対等であることを重んじるゴリラの社会、ということですか。

山極　ルーザーサポートはゴリラ以外にもゲラダヒヒやマントヒヒで見られるんですが、いずれも一夫多妻制の種で、オスどうしは同格なんですね。だから勝ち負けがつけられないんでしょう。

鈴木　なるほど。ルーザーサポートってかなり高度な行動ですよね。鳥だと報告されていませんし、霊長類以外だと知られていないのではないでしょうか。

そもそも、鳥の場合、最近までは仲直り行動をしないと言われていました。ただ、ワタリガラスがケンカした後、その相手と友好的でありたい場合は、近くで寄り添う行動などが報告され始めているので、研究者が気付いていないだけなのかもしれないですね。

言葉の暴走の末の戦争

鈴木　今思い出したのですが、チンパンジーでは群れ単位での激しい殺し合いがあると聞きました。これは戦争に似ているのでしょうか？

山極　ああ、それは事実なんですが、タンザニアのゴンベとマハレ、あとウガンダのキバレといった限られた地域でしか見られません。消滅した群れがあるくらいの激しい戦いなんですが、**そういう現象が起こる地域は人間の開発によって資源が減少している傾向があるので、その影響かもしれません。**

鈴木　そうなんですね。開発がチンパンジーの殺し合いを招いている可能性があるとは……。

山極　それに、人間の戦争とは大いに異なります。
　チンパンジーはあくまで欲求のために殺し合いをするんですが、人間は、共同体の名誉に奉仕するために戦いますよね。動機がまったく違うんです。それに、人間の総力戦とは規模がけた違いです。

どうして人間だけが大量殺戮を伴うような戦争をするようになったのかというと、いくつか理由があると思いますが、言語を持ったこともカギを握っていると思う。国家や民族といったバーチャルな概念が戦争につながったことはたびたび指摘されますが、言葉なしではそういう概念は共有できなかったでしょう。

鈴木 たしかにおっしゃる通りですね。言葉がなければバーチャルな概念、対立する組織や思想が生まれなかった。バーチャルな集団を守るための自己犠牲の美徳も生まれなかったということですね。

山極 戦争は、言葉が暴走してしまった例の一つだと思います。さらに、さっき言ったように利他的な美徳や道徳も、マイナスに作用していますね。

社会の複雑さが道徳を生んだ

鈴木 美徳の後に道徳が進化したとおっしゃっていましたが、道徳というのは、社会によって決められたルールのことでしょうか。

山極 人間が美徳だけではなく、道徳を進化させたのは、やはり社会構造とも関係していると思います。

たとえば、人間社会には「浮気はいけない」という道徳がありますよね。でも、オスとメスの関係を考えたとき、ゴリラみたいに家族的な集団でだけ暮らしているなら、オスの立場からすると他のオスを排除するだけでいいので、課題はシンプルです。

でも人間のように複雑な社会を持ってしまうと、浮気の対象がたくさんいるから、実力で排除するのは難しくなる。

そこで、「浮気するべからず」というタブー、あるいは道徳の原型が生まれたんじゃないでしょうか。

鈴木　なるほど。でも、言語がまだ進化していない段階では、その道徳はどのようにして集団の中で共有されていたのでしょうか？

山極　もちろん文字なんかはないですから、本来の道徳は、身体化されたものだったはずです。身体化というのは、頭や文章で考えて論理的に結論を出すのではなくて、瞬時に文脈から判断できるということです。制度やシステムじゃなかったんです。

鈴木　言語以前の道徳。ついついルールは文字化されてこそ効力を発揮すると思いがちですが、言語が進化する以前にも、集団の中で、それまでの社会交渉や文脈から良し悪しを判断するということを、我々の祖先はやっていたのかもしれないということですね。

逆にいうと、現代はルールが文字化されているので、身体化された道徳への感覚が鈍ってしまっているのかもしれませんね。オンラインやＳＮＳのやり取りには身体が存在しないし、文字だけのやり取りでは文脈を読むことも難しい。山極さんのおっしゃるような身体的な道徳を共有する機会が減ってしまっていると思います。

文脈を読むということ

山極　文脈といえば、こんなことがありました。

ルワンダ共和国の火山国立公園で、私がマウンテンゴリラの群れを観察していたときの話です。私はそのゴリラの群れをずいぶん観察していて、彼らは私には慣れていたんだけれど、その日は外部から新しい研究者がやってくることになっていたんですね。

ところが彼女が少し遅れることになったから、私は先に山に登って、いつものようにゴリラを観察していた。そこに、彼女が遅れてやってきたんです。ゴリラたちにとっては初対面の人間です。

するとその群れには2頭のシルバーバックがいたんだけれど、やってくる女性研究者をじっと見ていた年長のシルバーバックが、いきなりドラミングをし始めたんです。すぐにもう1頭のシルバーバックもそれに続くと、2頭の若いオスが猛然と女性に襲い掛かったんですね。

鈴木　まずいですよね。

山極　私は「やばい！」と思って、彼女もおびえてうずくまってしまったんだけど、2頭のオスはすぐにストップしました。本気で攻撃する気はなくて、からかっただけだったんです。

ドラミングは単なるディスプレイで、一般には別に攻撃の指示じゃありません。でも、見慣れた私がいるところに、見たことのないもう1体のヒトがやってきたという新奇な文脈でシルバーバックがドラミングをした瞬間に、人間の言葉にすると「新しいヤツが来たからちょっとからかってやろうぜ」という意図が、4頭の間で共有されたわけですよね。

つまり、鳴き声は一切ないのに、状況と年長シルバーバックの視線、ドラミングによってコミュニケーションが成り立った。

鈴木　なるほど。ドラミングが攻撃の合図というわけではないですよね？

山極　そうです。ドラミングが、人間の言葉みたいに「ビビらせろ」という意味を持っているわけではないですから。

鈴木　シチュエーションや目線、ドラミングなど、多様な文脈を総合して意図を理解した。それが、先ほどおっしゃっていた身体化というものですね。

暗黙知によるコミュニケーション

鈴木　動物のコミュニケーションを研究していると、つくづく人間の「文字」っていうのは革命的な発明だったと思います。

　というのも、文字は時空を超えてメッセージを伝えることができるからです。手紙に書いて伝書鳩に送らせることもできますし、石に書き記したものは何十年もそこに残ります。メールの文章も同じですよね。文字を使う動物は人間以外に知られていない。

　でも、今のゴリラの例じゃないですが、人間の言語も、本来は動物のコミュニケーションと同じように、文脈に依存して成り立っているんですよね。

別の言葉を使うと、本当は、**言語コミュニケーションはマルチモーダル**なはずなんです。

山極　マルチモーダル。視覚や聴覚、触覚といった、複数の感覚を使うということですね。

鈴木　ええ。それはつまり、文脈の影響を受けるということです。

文字に依存する現代社会だと忘れがちですが、人間のコミュニケーションもマルチモーダルだと思うんです。

たとえば、「いいよ」という単語は多義的で、文脈によって意味が変わりますよね。にっこり笑って「いいよ」と言うのと、首を横に振って「いいよ」と言うのとでは意味が違ってきます。前者は許可で、後者は拒否。つまり聴覚と視覚が同時に作用し、全体として意味を生み出しているわけです。

でも、そういう文脈は文字だけでは表せません。「いいよ」は「いいよ」という形のインクの染みでしかなくて、そこから表情を読み取るのは無理です。

山極　そうですね。鈴木さんがおっしゃる文脈のように、コミュニケーションでは、文字や文章では表せない情報がとても重要な役割を果たしていると思います。暗黙知というべきかな。

鈴木　暗黙知というと？

山極　霊長類の赤ちゃんはお母さんにぴったりくっついて育ちますが、その間に食べものの探し方や危険から逃れる方法などを学びます。

でも、それは言葉で教えているのではない。ずっと寄り添って暮らすことで、身体化された知恵を引き継いでいるんですよね。それは言葉にはなりません。

鈴木　なるほど。言語によらない情報の伝達ですね。鳥も親鳥と暮らす間に色々なことを学びますし、ヒトと飼い犬の関係もそれに近いかな？

山極　そうそう、犬も人間の気持ちがわかりますよね。あれも、寄り添って暮らすからです。

犬はヒトの言葉をしゃべらないし、身体の形態もまったく異なるから、ジェスチャーのやり方も別物ですよね。ヒトは喜ぶと笑うけれど、犬は尻尾を振るように。それでもコミュニケーションが成り立つのは、暗黙知をやりとりしているからなんだ。

鈴木　飼っている犬のクーちゃんを見ていると、僕の動きを本当によく見ているんですよね。それでこちらの考えや気分を理解している。犬は群れで暮らす動物だったので、コミュニケーション能力に特に長けているのかもしれない。

言葉の威力と社会の権力

山極　ところが、たくさんあるコミュニケーション手段の中でも、言葉に依存しているのが今の人間です。

明智光秀が、仕えていた織田信長を裏切って殺した本能寺の変では、「敵は本能寺にあり」という光秀の一言で、みんな一斉に本能寺を攻撃したわけです。詳細はともかく、光秀の部下たちは「自分たちは誰を攻撃しに向かっているんだろう」と目標もはっきりしていなかったと思うんですが、そんな状況がたった一言で一変したわけですよね。

それは人間の言葉の持つ威力の表れですが、同時に、組織系統という、人間の集団を束ねる秩序があったからでもあります。バラバラの人間たちに「敵は本能寺にあり」と言っても、攻撃してくれませんから。

鈴木　ですよね。光秀が言ったから攻撃に至ったわけで、他の人が言ったとしても命令にはなりませんし、ただの状況報告ですもんね。先ほどの文脈の話にも関係していると思います。

山極　つまり、人間の言葉はそれ単体で力を持つのではなく、社会や組織、あるいはその組織をまとめあげる文化や習慣と組み合わさってはじめて威力を発揮するんじゃないかと思いますね。

鈴木　その通りだと思います。社会や組織を統制するためにも言葉は大きな威力を発揮する。つまり、社会と言葉は共に進化してきたものだということでしょうか。

山極　さっき、アフリカのムブティ人のダンスの話をしましたよね。輪になって踊りながらポリフォニーという合唱をする。いずれも、一人ではできないことです。そういう風習や呪術、原始的な宗教も、人間を集団としてまとめる行為だと思う。

そして、すでにそういう装置があった人間社会に、言葉が生まれた。だからヒトの言葉は社会を動かす力を持ったんじゃないだろうか。

鈴木　僕もそう思います。となると、社会の進化を辿れば言語の起源もひもとくことができるかもしれませんね。言語学の世界では、ヒトの言葉が生まれたのは7～10万年くらい前だと言われていますが、実際のところ、どうだったとお考えでしょうか？

山極　私は、それはあくまで現代人がしゃべっているような言葉であって、**もっと素朴な言葉の原型は、数十万年前からあったた**んじゃないかと思う。

そして言葉の進化と並行して、社会も進化していたはずなんです。それについてもお話ししましょう。

社会の拡大と脳

山極　先ほど述べたロビン・ダンバーが言うように、1万年ほど前に農耕と牧畜が始まるまでは、人類が過ごす社会のサイズは150人くらいだったと考えられています。この数字をダンバー数とも言いますが、そういう環境で、我々の言葉は進化してきた。

ダンバーは霊長類の脳を調べて、それぞれの種の脳で、高度な思考を司る大脳新皮質が占める割合に違いがあることに着目しました。そして、脳での大脳新皮質の割合は、群れのサイズと比例することに気付いたんですね。

鈴木　群れが大きい種ほど、大脳新皮質の割合も大きくなるんですね。

山極　ダンバーはその法則を、大脳新皮質が占める割合がとても大きい人間の脳に当てはめた。

鈴木　霊長類から導かれた方程式に当てはめて、現代人の脳の大きさから、当時の集団サイズを推定したということですね。

山極　そこから導かれたのが、150人という数だったんですね。ヒトの脳は、大きな集団に対応するために大きくなってきたという説です。

ところで、集団のサイズが大きくなるということは、集団のつながりを維持するための手間も大きくなるということです。サルの毛づくろいが代表ですが、社会的グルーミングとか「集団の接着剤」とか呼ばれるその手間が、人間はとてつもなく大きいということですね。毛づくろいではとても追いつかない。

鈴木　150人と毛づくろいするなんて、とてもできないですしね（笑）

山極　ではヒトにとっての社会的グルーミングは何かということになりますが、私は言葉ではなかったと思う。

鈴木　何がグルーミングの代わりになったのでしょうか？

山極　まずは共食。**一緒に食事をすること**。それから、**音楽**も重要な役割を果たしたと思います。

さらには、これはダンバーも言っているんだけど、**火**。一緒に焚火を囲むことで、非常に危険な夜の時間を快適に過ごせることは、共感性を高める上で非常に大きな意味を持ったと思う。

鈴木　たしかに。焚き火を囲むときの安心感や一体感は特別なものがありますよね。音楽のライブなんかも一体感が生まれますよね。

山極　人間社会の特徴は、集団のサイズが大きいこと以外にもう一つあるんです。それは集団が非常にフレキシブルというか、離合集散が自在に行われること。

たとえば今日も、私ははじめて会う人と話をしたんだけれど、これは他の霊長類ではありえないことです。群れの境目は非常に強固で、よそ者は追い払われます。新参者が群れに入るには、もう、時間のかかる手続きが必要です。一方で、群れを追い出されたら二度と戻れない。

ヒトだとそういうことはありません。ヒトの群れは、階層があったり、ある集団がより大きい集団に含まれる入れ子構造があったりと複雑ですが、それもヒトの大脳新皮質を大きくした要因かもしれない。

前に言ったように、ある個体が、集団Aでは父親で、集団Bでは狩人で、集団Cでは歌い手で……といった役割の重なり合いとかね。

鈴木　実は、僕が研究しているシジュウカラも、鳥の中では離合集散をよくする社会に暮らしています。

群れのメンバーを固定するというよりも、色々な個体と、時には別の種類の小鳥たちとも群れを形成するんです。シジュウカラの賢さや言語能力の複雑さも、そうした離合集散の複雑な社会によって進化したものかもしれませんね。

置いてきぼりになった心と身体

山極　ところが、現代社会の大きさ、複雑さは、ヒトが進化してきた環境とは比べ物になりません。150人どころではなくて、数千人や数万人の組織が当たり前にあるし、国家なんて1億人を超える人口を抱えることもある。

鈴木　たしかに、「六次の隔たり」という言葉があって、友達の友達の……とつなげていくと、大体6ステップ以内で全人類とつながることができるということを聞きます。SNS時代、集団の大きさもだいぶ変わってきている気がしますね。

山極　そうなんです。それでも、我々の心と身体は150人くらいの集団を前提として作られているから、そこに齟齬が生じる。社会の進化に心身が置いてきぼりになっているわけです。

鈴木　たしかにそうですね。SNSなどの文明の浸透によって集団サイズが大きくなっても、遺伝的には変化しているわけではないので。この集団の在り方は、現代社会の大きな特徴ですね。

山極　その現代社会のもう一つの特徴が、言葉に依存していることですよね。

ここまで話してきたように、**言葉はたくさんあるコミュニケーション手段の一つに過ぎなかった。ところが、現代社会ではその地位が極端に高くなってしまっている。**

言葉は、コミュニケーション手段としては、非常に歴史が浅いんです。今の我々が使っている言葉が生まれたのが10万年前としても、人類700万年の歴史から見たらつい最近ですから。

鈴木　その通りだと思います。言語以外の意思疎通に、つい最近まで依存していたはず。

山極　我々は言葉が生まれるずっと前から、サバンナの小さな集団で、歌ったり、踊ったり、見つめ合ったりしながらコミュニケーションをとってきた動物です。

しかし、現代人は歌や踊りを忘れてしまった。言葉のおかげで集団のサイズは一気に大きくなって国家が生まれ、インターネットやSNSも作られた。しかし、進化的な時間軸で見ると、その変化は早すぎるんですね。一瞬です。私たちの心身は対応できていない。

鈴木　心身の進化にはすごく時間がかかりますから、文化の進化が早すぎて、追いついていないんですよね。

山極　一部の病気に似ていますね。

ヒトが進化してきたサバンナには、コンビニもスナック菓子もなく、飢えは日常茶飯事だった。だからヒトの身体は数十万年かけてそういう環境に適応してきたんですが、現代になって突然、飽食の環境に放り込まれてしまった。だから身体はその変化に追いつかず、生活習慣病が生まれたという考え方があります。

でも、心身は一体だから、現代の環境についていけないのは身体だけではなく、心も同じです。

鈴木　人間の文化進化が、変な方向に行ってしまっている感じはしますよね。言葉の獲得によって。

山極　そう、僕らの心身は、いわば暴走する言葉に置いて行かれてしまっているんです。

この章のまとめ

◆人間の言葉は、音声言語だけではなく、ジェスチャーとして始まったかもしれない。

◆多くの研究者は、動物にも文化があると考えている。学習との違いは、世代を超えて継承される点にある。

◆直立二足歩行によって踊れるようになったことや、歌の存在は、ヒトの言語の進化と関係があるかもしれない。

◆動物たちは鳴き声だけではなく、文脈や視線、身振り手振りなどを同時に使い、複雑なメッセージをやりとりしている。

◆人間のコミュニケーションは「形式知」である言語に依存しているが、動物のそれは「暗黙知」を多用している。

Part 4 暴走する言葉、置いてきぼりの身体

夜に生きたヒトの先祖

山極　鳥類の言語を研究する鈴木さんと、霊長類を研究してきた私とのお話は、どうやら私たち自身、すなわち人間の言葉について語り合うところまでやってきたようです。が、その前に、せっかく鳥の専門家とお話しているのですから、我々ヒトという動物について一つ確認しておきたいんです。というのも、私たちは「**鳥になりたかった動物**」だからです。

鈴木　鳥になりたかった動物？

山極　そう、私がずっと研究してきた霊長類は、鳥になろうとした哺乳類なんですね。そしてヒトもそこに含まれる。

話は、恐竜の時代に遡ります。

恐竜の全盛期は、我々のご先祖である哺乳類はひっそりと夜の世界に生きていました。昼の世界は恐竜が我が物顔で歩き回っているから、生き延びられる環境、つまりニッチ[*1]は夜にしかなかったんですね。

＊1【ニッチ】ある種が生きるために利用する環境のこと。種どうしでニッチが重なると奪い合いが起こる。

鈴木　恐竜の生き残りが現在の鳥類ですから、その時にはすでに昼の世界は鳥の先祖に支配されていたということですね。

山極　しかし白亜紀の末期に恐竜が絶滅して哺乳類が台頭してきますね。するとその一部が、木の上に移動してきます。我々のご先祖です。

当時、昼間の木の上は鳥たちが支配していました。鳥以外にコウモリたちも木の上に住んでいたんですが、彼らは鳥との衝突を避けるために、夜の世界というニッチを選びました。ちょうど、恐竜時代の哺乳類みたいにね。

鈴木　聞いたことがあります。現在でもコウモリが昼のニッチに出てこられないのは、鳥たちがいるからだと。

山極　木の上で暮らし始めた小さな哺乳類だった我々のご先祖も、やっぱり夜の世界を選んで、果実や昆虫といった、鳥やコウモリと同じものを食べていました。

鈴木　食べ物をめぐる力の争いでは鳥たちに負けてしまうので、時間帯をずらしたということですね。

山極　しかし、我々のご先祖と鳥やコウモリとの大きな違いは、飛ばなかったことですね。そして飛べない代わりに、鳥やコウモリができなかったことを成し遂げた。

鈴木　というと？

山極　身体を大きくしたんです。鳥やコウモリが食べない、葉っぱや樹皮といった繊維質を食べ始めてね。こうして原始的な霊長類が生まれました。

鈴木　なるほど。違う食べ物を利用することで、鳥類との争いを避けつつ、身体を大きくする進化が起きた。

山極　霊長類は、身体を大きくしたおかげでなんとか鳥に対抗できるようになって、昼の世界にも進出するようになった。そして、鳥の食卓に侵入し始めます。

鈴木　今度は鳥類が利用していた食べ物も利用するようになったということですか？

山極　そうです。すると、その進化によって、それまで鳥や虫に食べられていた植物の側も、新しく入ってきた哺乳類に適応して進化し始めるんですね。共進化[*2]というやつです。

それまで、果実を持ち種子によって増える種子植物は、花粉を運ぶのは虫に、種子を運ぶのは鳥に任せていたわけです。そういう条件の下で繁殖しやすいように進化していた。

鈴木　そもそも果実は、種子を運んでくれる動物を誘引するためのものですよね。今でも多くの鳥が果実を食べ、種子散布に貢献しています。

山極　ところが、そこに新参者である霊長類がやってきたから、種子植物のほうも、

＊2【共進化】複数の種に、一つの要因による進化が起こること。たとえば、花の蜜を食べる鳥とその鳥に花粉を運ばせる植物の間では共進化が起こりえる。

霊長類が好んで食べるような果実をつけ始め、霊長類はそれを食べて種子を運ぶ。そういう共進化が起こりました。

鈴木　鳥が好きな味ではなく、霊長類の舌に合うような果実も作るようになったと。

鳥とヒトとの共通点

山極　霊長類の先祖は木の上で暮らしていたわけですから、鳥と似ている部分もあったんです。

鈴木　果実を食べること以外にも共通点があった?

山極　そうです。哺乳類が夜の世界で暮らしていたころは、視覚はあまり役に立ちませんから、嗅覚と聴覚に頼って生きていたはずです。今も、夜行性動物は嗅覚や聴覚が敏感ですよね。

しかし**哺乳類が昼の世界に進出すると、もともと樹上は風が吹くのであまり嗅覚が役に立ちません。その代わりに、視覚が威力を持つようになる。**

鈴木　なるほど。感覚器や知覚の進化ですね。

ニュージーランドの森林に住む、
飛べない鳥キーウィ。フルーツのキウイは
この鳥の見た目にちなんで名づけられた。

山極　こうして、霊長類は視覚と聴覚で暮らし始めました。そして、視覚と聴覚に頼っているのは鳥も同じなんです。

鈴木　たしかに、多くの鳥が視覚と聴覚に頼って世界を認識しています。これは昼行性の霊長類と似ていますね。

鳥類の場合も、夜行性の種、たとえばニュージーランドのキーウィなんかは嗅覚もかなり発達しています。どの感覚器に頼るかということは、それぞれの種の活動時間帯と大きく関係していそうですね。

山極　そこはコミュニケーションにおいても共通していて、ヒトも鳥も、視覚と聴覚を重視してコミュニケーションをします。今の鈴木さんと私も、音声とジェスチャーで対話していますよね。

鈴木　たしかにそうですね。鳥とヒト、よく似ていると思います。

僕は活動時間以外にも、**天敵の存在**も大きいのではないかと思います。キーウィをはじめ、ニュージーランドの鳥たちは匂いを使ってコミュニケーションをとることが多いのですが、それは、匂いを頼りに鳥を捕食する哺乳類がいなかったからと言われています。実際、キーウィは飛翔能力まで失っていますし。つまり、コミュニケーションに用いる感覚器は、天敵の存在とも関わっていそうですよね。

山極　それもあると思います。

鈴木　ただ、今はニュージーランドはイタチやネコといった外来種が侵入し、匂いを出す鳥たちが大きな危機に瀕しています。

鳥とたもとを分かったヒト

山極　霊長類と鳥には大きな違いもあります。霊長類は飛べないから、鳥ほど移動の自由度がないんですね。木から木へ移動するにも、いったん地面に降りたり、枝を伝わなければいけません。

鈴木　言われてみるとそうですね。鳥ほど自由に移動できない。

山極　私はそれがヒトと鳥とのコミュニケーションの分水嶺になったと思う。ヒトが

カモは水辺で群れをなして暮らす。
写真はカルガモ。

鳥とたもとを分かったのは、そこなんだ。

鈴木　というと？

山極　**空中を飛び回る鳥にとっては、ジェスチャーや視線といった視覚的なコミュニケーションよりも、飛んでいても発信・受信ができる音声のほうが適していた**と思うんです。

鈴木　たしかに、鳥は枝に止まって鳴くだけでなく、飛びながらも鳴き声でコミュニケーションをとります。自由に飛べると相手を視覚的に追いにくいので、鳴き声を使っているというのはありそうだな。

山極　しかし霊長類は飛べません。さらに、身体が大きくなったせいで地上に降りて群れを作るようになった。

その結果、私が見てきた霊長類はいずれも広義のジェスチャー、つまり視覚的なコミュニケーション手段を一番重視しているんです。鳴いたり、モノを叩いたりと聴覚も使うけれど、それはあくまで補助です。

つまり**我々ヒトも、視覚的コミュニケーションの動物なんですよ。**

鈴木　なるほど！　いや、少し感動してしまいました。僕たちに視覚的なコミュニケーションが重要なのは、昼行性でかつ飛べないからということですね。鳥でも、クジャクやカモなど、飛ばずに平面で群れている種では視覚的なコミュニケーションが発達している可能性もありそうです。視覚的なディスプレイもたくさん使いますし。

山極　さらにヒトは、前も言ったように、直立二足歩行で両手も自由になりましたから、なおさらです。我々は踊る動物でもあるんですよ。

いや、「だったんです」と言うべきかな。現代人は、歌と踊りを忘れてしまったから。

文字からこぼれ落ちるもの

鈴木　僕は常々思うのですが、文字の発明ってすごいですよね。音声言語ではその時、その場所にいる相手にしかメッセージを伝えられませんが、文字が生まれたことで、時空を超えたコミュニケーションが可能になった。

現代社会を支えている科学も技術も、文明は文字の力によって発達したといっても過言ではないと思います。文字がなければ、月に人を送り込むのも、ＡＩを作り出すこともできなかったでしょう。

文字を使う動物って、ヒト以外に知られていないですしね。

山極　そうです。しかしそれは、逆に、人間の思考そのものが文字に制約されるようになったということでもあります。文字という極めて強力なツールを生み出してしまったせいで。

鈴木　文字もいいことばかりじゃないと？

山極　たとえば、私は今こうして鈴木さんと向かい合って話しているわけだけれど、言葉だけをやり取りしているわけではないですよね。意識しているかどうかはともかく、表情や抑揚、ちょっとした仕草などの非言語コミュニケーションも使っています。いや、「ヒトは視覚的コミュニケーションの動物である」という原則に立ち返るならば、むしろ非言語コミュニケーションのほうが主体かもしれない。

鈴木　たしかに、表情一つで言葉の意味は大きく変わりますよね。満面の笑みで「うれしい、ありがとう！」という場合と、笑わずに同じセリフをいう場合とでは、意味がまったく違う。言葉なんかより、表情のほうが本当の気持ちを伝えています。

山極　ところが、たとえばメールのように文字化されると、非言語情報はすべて切り捨てられます。今私がどういう表情をしているかは、文字にはできないから。

鈴木　声の抑揚も伝わらないので、どんな気持ちで話しているのかも理解しにくい。そこで絵文字や顔文字を使うわけです。

ただ、ビジネスメールで絵文字はなかなか使わないので、どうしてもちょっとお堅い感じになってしまいますよね。表情やしぐさによる意思疎通がコミュニケーションの本質としてあるはずなのに。僕はちょっと苦手です（笑）

山極　それと、文字にすると、本当の対話だと当たり前に同時発話があり、鈴木さんと私の声が重なり合ったりするのに、それも本では表現できないでしょう。

鈴木　そうですよね。実際の対話だと、お互いの話すタイミングまで意識しながら発話します。

山極　もちろん、文字による論理は読者にも伝わるでしょう。でもね、本来、論理は書かれた文字だけではなく、ジェスチャーや抑揚、文脈など、多様なコミュニケーションによって作られるものだったはずなんです。

それなのに、逆に文字が論理を作ってしまっている。文字と論理との役割が逆転してしまっているんです。

鈴木　それに、文字は限られた情報しか伝えられないから、文字から得られる印象も、人によって全然違います。「かわいそう」という5文字から僕が得る印象と山極さんが得る印象とでは、大きく違うかもしれない。

対面でのコミュニケーションだと、同じ場を共有できるので、そういう行き違いは起こりにくいですよね。僕らは文字に頼るようになって、便利な反面、大切なものを失っているのかもしれません。

ヒトの脳は縮んでいる

山極　進化の過程で脳が大きくなった話をしましたが、**実は我々の脳はここ1万年の間、縮んでいます。**40万年前に生きていたホモ・ハイデルベルゲンシス[*3]の段階で現代人と同じサイズの脳を手に入れ、ネアンデルタール人は現代人より少し大きな脳を持っていたのに、それが縮んでいるんです。

その理由は単純で、**ヒトは脳の外付けのデータベースをたくさん手に入れたから**ですよね。その代表が文字です。文字に託せば、覚えておく必要はないからね。

鈴木　たしかにそうですよね。現代はパソコンやスマートフォンが普及しているので、

***3【ホモ・ハイデルベルゲンシス】**60万〜40万年ほど前に生きていたヒトの一種。のちにホモ・サピエンスに進化した。ホモ・エレクトスに含める場合もある。

脳に記憶する必要性がどんどんなくなっていると思います。

山極　地図やスマートフォンのマップアプリの浸透で、地理的な感覚が鈍ることもあるでしょう。

鈴木　たしかに、地図がなかった頃は、道に迷わないように現在どこを歩いているのか意識していたはずですもんね。僕も、**電波の届かないような山奥で鳥を追いかけているときは、街にいるときよりも地理感覚が敏感になっていると感じます。**街では道に迷っても、森の中では迷いません。無意識的に自分の位置を把握しているからだと思いますが、それが本来の姿なのかもしれません。

インターネット上の知識もまさに外付けのデータベースそのものですよね。ちょっとしたキーワードを入力すれば、すぐに何かしらの答えが出てくる。今は人に聞くより検索するほうが早いし、効率的なんです。

でも、それはすごい問題だと僕は思っています。だって、研究もアートも、クリエイティブなものは、誰かが考えたこと、つまり文字化された検索結果ではないんですよ。経験の異なる個人の脳が生んでいるわけで。その脳の能力が衰退しているとなると、人類の未来は明るくないんじゃないでしょうか。

山極　そうですね。でも、打つ手はあるはずなんだ。

手に入れた現代社会の快適さや科学技術を捨てることはできません。そうじゃなくて、それらを賢く使ったらいいと思う。動物の言葉から始まった私と鈴木さんの対話は、ヒトの言葉の暴走に対処する方法まで示して終えたいと思っています。

分ける言葉、つなぐ言葉

山極 人間の言葉の特徴として、物事を「分ける」力と、「つなぐ」力を併せ持っている点があると思うんです。

言葉を使うと、「生物」「動物」「鳥」「シジュウカラ」……という風に、世界にあるものをどんどん細かく分類することができますよね。それが分ける力。

でも、逆に、まとめることもできる。私の目の前にあるティーカップと鈴木さんが持っているペットボトルは形も素材も違うけれど、「器」という言葉を使えばひとまとめにできますよね。

鈴木 たしかに、細分化していくこととそれをまとめることの両方ができますし、それに対応した言葉がある。

山極　でも、ヒトの感情や感性は細かく分けることはできないと思う。夏の夕方の切なく心地いい感じを「ツクツクボウシの鳴き声」「摂氏29℃の風」「湿度55％」といった具合に言葉で切り分けてしまったら、あの独特の感じは失われます。

鈴木　言葉によってただ情報を並べるだけでは、感性は伝わらないと。たしかにそれはそうなのですが、どうしてでしょうか？

山極　ヒトの言葉は、音楽的な言葉によって大きな流れやまとまりを表現する段階から、それらを細かく切り分けるように発展してきたのではないかと思うんです。

鈴木　音楽的、感情的な箇所から言葉が派生した。だから、言葉を並べるだけでは感情的な部分を補えないという仮説ですね。

つまり、**ヒトのコミュニケーションの中にはまだ言語化されていないような音楽的な要素もあって、言葉を並べるだけではそれを伝えきれない**と。

山極　そうです。そして、細分化する力と同時に、先ほどの器の例みたいに、切り分けたものどうしをつなぐ力が生まれた。併合の能力も、つなぐ操作ですよね。

鈴木　なるほど。

山極　今の話を、また別の角度から表現してみましょう。

「走る」という言葉がありますが、ヒトが走るのと、ゴリラが走るのと、ティラノサウルスが走るのとでは全然違う現象ですよね。でもそれをまとめて「走る」と表現してしまうことで、いちいち異なる表現を使う労力を節約しているわけです。

鈴木 動きの共通点から「走る」という言葉を当てているわけですよね。

山極 ただし、その代償として、生物ごとの走り方の細かい違いは切り捨てています。

鈴木 節約する代わりに、切り捨てられた情報がある。

山極 しかし、私たちはその情報を補う力を持っている。

たとえば、私はヒトが走るのとゴリラが走るのは見たことがあるけれど、ティラノサウルスが走るのを見たことがないから、想像できないはずです。

でもなんとなくイメージできるのは、「ティラノサウルスは二足で歩いていて、かつ鳥に近いわけだから、ダチョウが走っているみたいな感じかな」と、似たものごとから類推できるから。

鈴木 この場合でいうと、映像的な類推ですよね？

山極 そうです。人が想像するのは言葉じゃなくて、言葉によって呼び起こされた画像や映像ですよね。

鈴木 そしてその映像をつないで「走るティラノサウルス」を脳のなかに投射できる。

山極 つまり人の言語は、節約機能によってたくさんの情報を切り捨てているんだけど、映像的なアナロジーによって後から補うこともできるんです。だから言葉が成立しているとも言えます。

鈴木　たしかにそうですね。アナロジーによって色々な言語表現が可能になったとも言えます。

山極　そしてアナロジーによる補いは、さっき言った言葉の機能の「つなぐ力」によるものだと思うんです。いったんバラバラにしたものを再構成する力。少し飛躍するなら、ストーリー化する力と言ってもいいはずです。

動物はストーリーを持たない？

山極　**人間の言葉には、ものごとを細分化する力や表現を節約する力がありますが、最終的にはストーリー化する力が最も大きい**と思うんです。

というのは、**動物にはストーリー化する力がほぼない**と感じるからです。彼らは個別のものごとを、因果関係などのストーリーでつなげずに、バラバラに頭の中に持っているのではないでしょうか。

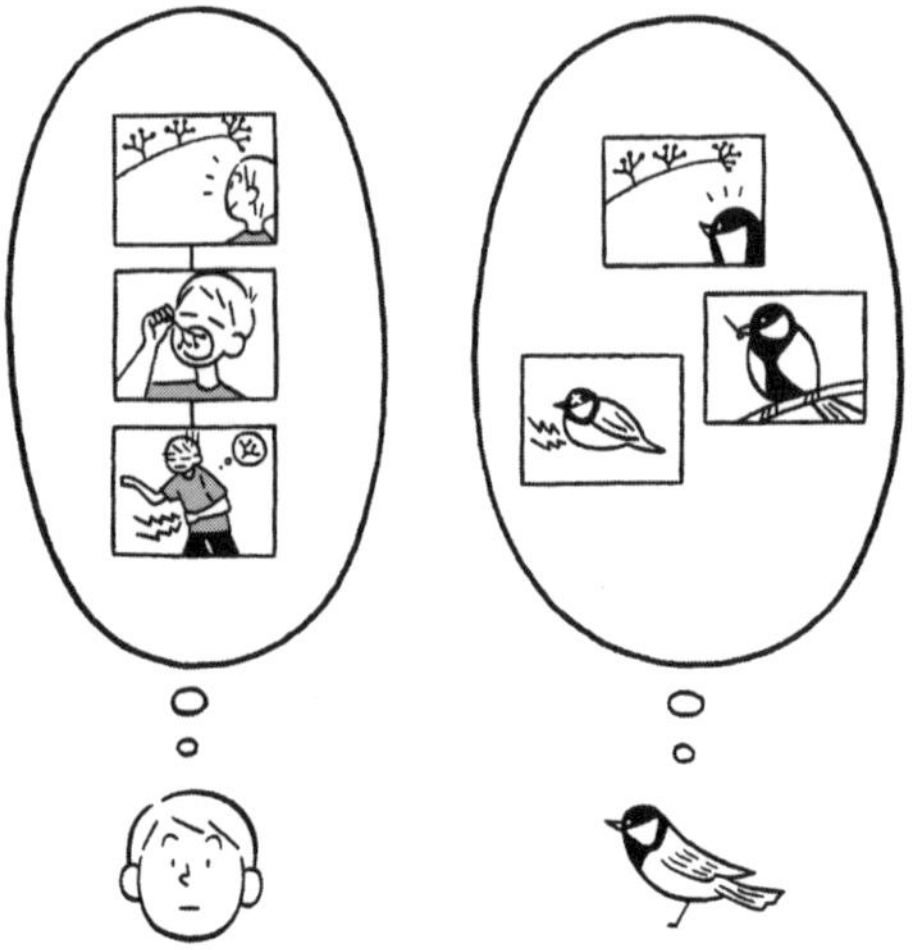

動物に比べ、ヒトはできごとを
ストーリー化して覚えるのが得意。
動物が「今」「ここ」以外の
コミュニケーションを取らないのには
こうした事情も関係していそうだ。

鈴木　動物の記憶は、ある場面に限定されたスナップショットということでしょうか？

山極　うん。動物は、個別のスナップショットをストーリーでつなげて頭の中で再現することはないと思うな。

鈴木　なるほど。たしかに、言葉から得た情報をつないで、さらにアナロジーなどを駆使してストーリー化する力というのは、僕たち人間の得意としているところですよね。

前に僕が、動物と人間の言葉の一番の違いは、「今」「ここ」にないものを語れるかどうかだと言いましたが、それは、まさにこの「ストーリー化」の能力と関係していると思うんです。「今」「ここ」以外を、つまり目の前にないものを想像して語るためには、頭の中で情報を再構成し、ストーリーを作らないといけないから。

長年、鳥の観察をしてきましたが、彼らのコミュニケーションの内容は、目の前のメスに求愛するとか、天敵が来たから警戒するとか、**その場・その時点の出来事に限られている**場合がほとんどですね。過去や未来について語ったり空想しているという証拠は今のところないんです。

山極　そう。ゴリラのマイケルに手話を教えたら過去を語りだした話をしましたが、動物の脳に過去の出来事が入っていないわけではないんです。

でも、手話を覚える前は、記憶として頭の中に入っていただけなんですね。言葉がないと、ストーリーとしてまとめられないんだ。

鈴木　たしかにそうかもしれません。

鳥の場合も、エピソード記憶は知られていますが、エピソードをストーリー化しているとは言えないと思います。

有名な例がアメリカカケス。いつどこに何のエサを隠したのかを記憶できることが実験

アメリカカケスはアメリカ大陸の
森林などに生息する、スズメ目カラス科の鳥。
頭や羽、尻尾は鮮やかな青色。

的に示されています。

しかし、それをもし他者に伝える場合は、「昨日」「倒木」「ナッツ」といった細分化された言葉を並べても、うまくいかないですよね。単なる情報の列挙ですし、言葉どうしの関連が明確でない。つまり、ストーリーになっていない。

バラバラの情報を「昨日、ナッツを倒木に蓄えた」というストーリーとしてつなげあわせる力というのは、僕たち人間が得意とする部分であって、他の動物にはなかなか見られないものなのかもしれません。

Twitterが炎上する理由

山極 **言葉の発明はすごいけれど、抜け落ちる情報がたくさんある**点も忘れてはいけないんです。

鈴木 そうですね。言葉も完璧ではないとよく思います。
たとえば、TwitterなどのテキストベースのSNSで炎上が起こるのも、文字が切り捨てた情報を個々人がイメージして補うときに、そのイメージが人によって違うからですよね。

前に「いいよ」っていう言葉の意味が文脈によって変わるという話をしましたけれど、あんな感じですよね。「いいよ」を許可と捉える人と、拒否と解釈する人が同じ場所にいたら、炎上が起こっても不思議ではない。

山極　しゃべる言葉と書かれた言葉の違いも大きいですね。

昔は文字がなかったから、言葉とは語るものでした。だからそこには、語り手の身体があり、ピッチやトーン、ジェスチャーなどさまざまな情報が付随していた。

ところが、今は情報を切り落とした文字という形が主流になり、しかもネットであっという間に広まるでしょう。この変化は、人類史上でも極めて急速です。

鈴木　ネットの発明からスマートフォンの普及までなんて、数十年ですからね。そうやって急に文字が主流になった影響は、炎上や報道の齟齬だけでなく、あちこちに現れていると思います。

それと、僕が今最も懸念しているのは、言葉に頼りすぎたことで「文脈を読み解く力」が衰退しているのではないかということです。

たとえば、以前、山極さんに勧められた映画『猿の惑星』[*4]を見て、たしかに面白かったんですが、最近はやりの映像作品とはだいぶ違うなとも感じたんです。という

＊4【猿の惑星】SF小説を原作とする映画のシリーズ（1968～）。進化した類人猿に支配された地球を描く。

のは、言葉で説明せずに視聴者に想像させるシーンが多いと思うんですよ。

山極　同じ1968年のSF映画『2001年宇宙の旅』[*5]も、そういうシーンが非常に多いですよね。

とくに冒頭のシーンは有名です。道具を持たない猿人たちが、宇宙から来た謎の物体に触れることで動物の骨を武器として使う知性を得て、敵対する集団を骨で滅多打ちにする。そしてその骨が放り投げられると、パッと宇宙に宇宙船が浮かんでいるシーンに変わる。道具と知性の進化を象徴的に表現しているわけです。

でも、その間、言葉による説明はないんです。視聴者に想像させるようになっている。「こうして、人類は道具を手に入れ、やがて宇宙船まで作るようになった」みたいな言葉は一切ない。

鈴木　でも山極さん、最近ヒットしたアニメなんかを見ると、一から十まで言葉で説明するんですよ。「さっき敵に攻撃された腕が痛むけれど、オレは負けるわけにはいかないんだ。なぜならオレは長男だからだ……」って、主人公の内心までをいちいち言語化して視聴者に伝えるんです。

山極　そんなことになっているんですか。言葉で説明しないと伝わらないってことだな。

＊5【2001年宇宙の旅】スタンリー・キューブリックによるSF映画（1968）。人類の進化や未知の知性など、哲学的なテーマを描いた。

鈴木　視聴者が言葉による説明を求めるんでしょうね。文脈を読む力を使うより、言葉で端的に理解しようという時代の流れがあるんです。

山極　過剰な説明って、1995年から放映されたアニメ『新世紀エヴァンゲリオン』[*6]から始まった気がするんだよなあ。

鈴木　たしかにそうかも。主人公が電車の中で自分の心情を吐露する心理描写がいくつもありましたよね。

そういえば1996年って、95年の『Windows 95』の発売でネットの急速な普及が始まった時期ですね。デジタル化された文字のやりとりが中心になる社会では、文脈を読む力よりも言語情報を処理する力が重要視されているのかもしれません。それでは本当の意味での共感が生まれないと思うのですが、そういう時代が来ているのかな。

言葉では表現できないこと

山極　でもね、これだけ言葉に依存する社会になっても、どうしても言葉だけでは表

＊6【新世紀エヴァンゲリオン】SFロボットアニメ。汎用人型決戦兵器「エヴァンゲリオン」のパイロットとなった14歳の少年少女たちと、襲来する謎の敵「使徒」との戦いを描いた作品で、社会現象となった。

現できないものが残っています。

それが、**食べることと性**なんだ。

もちろん、調味料がどうとか、火加減がどうとか言って、食べ物を言葉で表すことはできますよ。でも、美味しさは身体と直結しているから、言葉だけで再現するのは不可能です。

鈴木　たしかに食は食べないと満足できないですよね。感覚を楽しむものなので。

山極　セックスも同じですよね。ヒトも動物も、生きる上で欠かせない食と性だけは言葉では代替できないんです。

いや、代替できるという錯覚はありますよ。昔のポルノ映画は実に長くて、互いの関係性やセックスに至るまでの文脈を丁寧に描いていたけれど、今のポルノはどんどん短くなって、セックスシーンだけになっている。それで満足したかのような錯覚は生まれるかもしれないけれど、それは違いますね。

鈴木　僕が懸念している文脈を読む力の衰退が、ポルノ映画にまで影響しているとは……。

山極　映画や本の要約だけを見て知った気になるのが流行っているらしいけれど、それも同じ。体験できてはいないんです。

鈴木　言語化された情報を得ることに慣れてしまっているんですね。それで満足できると錯覚している。

山極　そうなんです。文脈を切り捨てると、その分を言葉で説明しないとわからない。そうやって、ヒトはますます言葉に依存していくんです。

鈴木　文脈を理解する力って、ゴリラも、チンパンジーも、ボノボも、僕らの近縁種がみんなコミュニケーションの中でやっていることですよね。

僕たちもついこの間まではできたはずなのに、言語中心の社会になって、いつの間にかその力が衰退してしまった。それが、SNSの炎上とか、色々な問題につながっていると思います。

山極　他人の感情や気分といった、文字にならないものは軽視する社会になってしまいましたね。

鈴木　文化や社会が変化しても身体がそんなに速く進化できるわけではないですよね。文脈より言語を重視する社会によって、ストレスを感じる人も増えているのではないでしょうか。大きな問題だと思います。

共感がいらない契約

山極　言葉によって、**道徳も危機に瀕している**と思う。美徳が進化して道徳になったという話をしたけれど、本来の道徳は別に明文化されたルールではなく、身体に染み付いたものでした。

鈴木　身体化した道徳、というものですね。

山極　しかし明文化された法やルールが独り歩きした結果、ルールに反していなければ何をやってもよいことになってしまった。合法的ならば何をやってもいいわけだ。

鈴木　たしかに法には反していないかもしれないけれど、ストレスフルな社会になってしまいます。

山極　諸悪の根源は契約の登場じゃないでしょうか。書かれた文字による契約という習慣は、古代の地中海東岸にあったフェニキア[*7]あたりで始まって世界中に広まったんだけれど、契約は、共感を不要にしてしまったんですね。

「こういう約束ですよね」という言葉による契約さえあれば、相手を思いやったり共

***7【フェニキア】** 古代の地中海の東岸を指す古称。オリエント文明とエーゲ文明との混合文化が繁栄し、この時期にアルファベットも発明された。

感したりする必要がないですよね。相手の感情とは無関係に成立するのが契約ですから。

鈴木　ヒトの言葉には便利な面もあるけれど、それに頼りすぎたために共感する場が減ってしまったのはまずいですね。

山極　日本ではもともと、血縁・地縁・社縁が共同体を作っていました。地縁は住んでいる場所による縁、要はご近所さん。社縁は、会社の仲間たち。

しかし、こういった縁は急激に薄れました。人類の集団のサイズが極端に大きくなったことと、言葉の独り歩きによって個体どうしを結び付ける社会的グルーミングが難しくなったからだと思います。

だから現代は、言語化されない感情や文脈を読むよりも、明文化されたルールや制度にすがるほうが生きやすい社会なんですね。新たな縁が必要です。

鈴木　どうすればいいでしょう。

山極　原点に戻ればいいと思う。

何度も踊りの話をしたけれど、我々ヒトが類人猿から引き継いだ縁の作り方は、身体を共鳴させることなんです。

現代でも、身体を共鳴させている人間どうしや集団は強い縁を持っていますよね。

スポーツのチームや、一緒に音楽をやっているグループ、あるいは学校の同級生。身体を一緒にした経験がある人間どうしの縁は強いんです。彼らは、言葉でつながっているわけではないですよね。

鈴木　そうですね。

犬の散歩をしていると、他の犬連れの人にもよく会うんです。するといつの間にか友達のようになって、犬連れのコミュニティーが形成される。犬を飼っていて起きた出来事など、おしゃべりをして交流する。犬の散歩という行為を通じて、共感が生まれていると思います。

山極　テクノロジーで縁を作ることはできません。ロビン・ダンバーが言うように、人間にとっての共同体のサイズは150人くらいが上限で、それよりも大きな集団は錯覚なんです。

鈴木　テクノロジーが発展しても、脳の許容量は変わらないということでしたよね。

山極　国家がいい例です。我々は日本という共同体があるように思い込んでいるけれど、東北と沖縄じゃ、気候も食べるものも文化も違います。

それにも拘わらず国家という共同体があるように錯覚しているのは、メディアの力じゃないですか。毎日、毎日「日本が」「日本人が」と報道してくれているからね。

しかしそのメディアの力さえ弱くなった今、ベネディクト・アンダーソンが言った「想像の共同体[*8]」さえ消えつつある。

無力な現代人

山極　だから**現代人は無力**です。

動物たちは野生で生きていくことができますよね。狩猟採集生活をしている人間もそうでした。私が一緒に仕事をしているアフリカの狩猟採集民なんて、狩りもできるし、料理もできるし、家も作れます。ヒトもそういう動物なんです。

ところが、農耕牧畜が始まって集団が大きくなり、都市が作られ、言葉によるシステムが支配的になると、人間は無力になりました。大都市に住む現代人はシステムにぶら下がっているだけで、狩りもできなければ住む家を作ることもできません。ひとりで生きられないんです。

鈴木　地方はまだ違うかもしれません。山菜やジビエを食べる地域は多いですし、自分で家を建てている人もいます。都会ではなかなかいないですが……。

***8【想像の共同体】**アメリカの政治学者ベネディクト・アンダーソンの著作『想像の共同体』から。ナショナリズムの起源について論じ、国民という概念は創られた虚構であると説いた。

山極　そうですね。でも地球人口の半数が都市に住んでいますから、ヒトという種の半分は無力です。

鈴木　人間がますます、動物から孤立してしまいますよね。都市部だと「人間と動物」という二項対立の考え方がすごく強い。

山極　そうそう。ジャングルでテントを張って暮らしていると、ゴリラはもちろん、ゾウやサルもテントのすぐそばまでやってきますからね。ヒトは本来、そうやって**動物たちと一緒に暮らしていた**んです。

鈴木　僕も森の中で鳥たちと暮らしていると、そう感じることがよくあります。

ヒトにとっての適切な距離

山極　さらに、2020年からの新型コロナウイルスのパンデミックは、共同体や共感の弱体化を加速させたかもしれません。

他人と直接会う機会が減ったり、握手やハグができなくなったことは、相当、人の心を弱体化したと思う。マスクによって表情が見えなくなったこともそう。

鈴木　ソーシャル・ディスタンスをとるように言われましたけれど、ヒトを含む動物にとって、適切なコミュニケーションの距離というものがあるんですよね。

お世話になった高校の教師から聞いたんですが、コロナ禍になってから、生徒と2mの距離を空けるよう指示されたらしいんですね。ところが、距離をとるようになったら、とたんに生徒が話さなくなったというんです。

おそらく人類の進化の過程で、ヒトにとっての適切な距離が生まれたと思うんです。その距離はおそらく2mよりだいぶ近いんですね。だからソーシャル・ディスタンスをとらなければいけないことも、コミュニケーションにとって致命的だったかもしれません。

山極　なるほど。私のお師匠でもある人類学・霊長類学者の伊谷純一郎が、1963年の論文で、霊長類の声を分類したんです。「距離」と「感情の強度」という2つの軸によって4つに分けたんですね。

遠距離だと、感情が強いのはバーキング（吠え声）で、平静なのはコーリング（呼び声）。近距離だと、強い声はクライング（叫び声）で、平静なのがマタリング（ささやき）に分類されるんですが、伊谷はこの**マタリングが人のしゃべり声になったんだろう**と言っています。

人類学・霊長類学者の伊谷純一郎による、
霊長類の鳴き声の分類。
このうち、ささやきが人の言語に
つながったとの仮説を展開した。

鈴木　なるほど、近距離の鳴き声が言葉の起源という仮説なんですね。

山極　たとえばニホンザルがグルーミングの前に「ググググ」とか「ゴゴゴゴ」と鳴くのがマタリングです。その機能は相手との融和なんですね。「近づいてもいいですか？　近づいてもあなたは私のことを排除しませんよね？」というような。

要するに、霊長類の音声にとって距離は重要な要素だということです。霊長類のコミュニケーションは視覚的なものが主体で、音声はその次だと言いましたが、近距離では音声が決定的に重要になることもありうるんですね。

だから、コロナ禍でのソーシャル・ディスタンスは、ヒトにとってかなりの負担になったかもしれません。共感を基にしたヒトの共同体は、ますます弱くなっていく。

バーチャルがリアルを侵す

山極　リアルなコミュニケーションの代わりに、ＳＮＳやメタバースのようなネット上の仮想空間でのやり取りや、ＡＩとのコミュニケーションが話題になっていますが、あれはなかなか恐ろしいことだとも思うんです。

鈴木　恐ろしいというと？

山極　言葉は意味を作るとか、情報をストーリー化すると言いましたよね。その結果どうなったかというと、我々は、**世界をあるがままに見ることができなくなったん**です。言葉は単なるツールではなく、我々の意識そのものを規定するからです。

たとえば、あそこに大きな木の板があります。でも、あれを「木の板」と見ることはできません。「ドア」という意味が先に来てしまいます。

鈴木　言葉によって物の見え方、解釈の仕方が影響されるということですね。

山極　しかし、ヒトの言葉を持たない他の動物たちにとっては、あれはあくまでも木の板です。

あっちにある、紙の束を詰め込んだ、木とガラスで作った大きな箱も、「本棚」としてしか捉えられません。本棚という意味とストーリーが先に意識に上るから。

このように、私たちは目でモノを見ている気になっているけれど、実際は意味やストーリーを見ているんです。それは、言葉によって意識そのものが変わったからだよね。

鈴木 なるほど。すべてのモノをカテゴリー化し、それぞれ名前をつけたことで、今度はその名前、つまり言葉の持つ意味が優先されて認識されるようになったと。

山極 それと似たことが、仮想空間やＡＩによって起こる可能性はあると思う。向こうの論理が、現実世界を侵すんです。

鈴木 具体的には、どういうことが起きますか？

山極 私たちは、言語化できないもの、仮想空間では表現できないことを認識できなくなるんじゃないか。木の板を、木の板と捉えることができなくなってしまったように。

現代社会は言葉に依存していると話してきたけれど、共感とか、感情とか、複雑な文脈が完全に消えたわけではないですよね。まだ残っているし、場面によっては、言葉よりも共感や感情が先に立つこともある。

鈴木 そうですよね。むしろそれがコミュニケーションの本質なのでは、という話もしましたよね。

山極　しかし、仮想空間やＡＩには、感情や文脈はありません。巧妙に、あるかのように見せかけてはいるけれど、ない。すごく自然にしゃべっているように見えるＡＩも、言語と論理によって成り立っている計算機に過ぎない。

私はそれが怖いんです。

巧妙に現実世界を模倣しているけれど、実は言語化できない感情や身体性を切り捨てている仮想空間やＡＩが存在感を増すと、我々人間の脳もそちらに引っ張られて、**感情や身体性を捨てることになる**んじゃないのかと。

鈴木　たしかに、ＡＩに頼ることで、**言語の出現によって生じた問題がさらに加速する**ようなことがありそうですね。共感のない時代、言語化されたルールだけを重んじて文脈をおろそかにする時代……。

山極　それに、感情も身体もないＡＩは徹底的に合理的ですよね。しかしヒトは必ずしも合理的ではない生き物です。感情や身体が合理性を超える場合があるから。

鈴木　といいますと、たとえば？

山極　仮に、老人をみな安楽死させるのが社会にとって合理的だという結論が出ても、ヒトは実行しないでしょう。ヒトは合理的じゃないから。

でも、ＡＩなら躊躇なく実行しますよね。ＡＩは合理的だからです。

そういうＡＩの論理がヒトに侵入し始めたら、恐ろしいことになるのではないですか。言葉がヒトを変えたようにね。

鈴木　たしかに……。僕たちの感情というのは必ずしも社会に対して合理的にできていない。

でも、**僕たちが持っている感情こそ、大切な基準なのではないでしょうか。僕たちにその感情が宿っているということは、それが長い進化の歴史の中で維持されてきたということですから。**

現代のパラドックス

山極　逆に、仮想空間やＡＩには存在できないものが、さっき言った食や性の経験ですよね。

鈴木　言語と体験は別という話ですね。

山極　幸福もそうです。幸福感は、文字や数式では記述できないでしょう？

鈴木　そうですよね。幸福は感覚ですし、人によっても違いますから。

山極　そう。そして同じ個人であっても、幸福には再現性がないんです。幸福な体験はその場限り、一度きりです。

私は現代社会には奇妙なパラドックスがあると思っています。それは、**未来志向なのに過去にとらわれている**こと。

鈴木　どういう意味ですか？

山極　たとえば、ＡＩは大量のデータを読み込み、未来を予測できますよね。そこがすごいところでもある。

しかしよく考えると、データはすべて過去のものじゃないですか。ＡＩに限らないけれど、未来を精緻に予測しようとすればするほど、過去にとらわれる。それがパラドックスだと思うんです。それでいいんだろうか？

対照的に、予測不可能なものや再現性がないものは価値が低いと思われているけれど、そうではない。さっき言った幸福だって、予測できないし、再現性はない。

鈴木　予測できなくて再現性がないからこそ、その時々での幸福感に価値があるわけですもんね。

山極　本当は、言葉もそうなんです。言葉は抑揚や文脈によって意味が変わるから、同じ言葉は二度とないんです。ＡＩは、世界には再現性があるという仮定に基づいて作られているけれど、決してそうではないんですね。

鈴木 本当にその通りだと思います。僕たちはＡＩに頼りすぎてはいけないし、そういったリスクも念頭に付き合う必要がありますよね。

新たな社交

鈴木 とはいえ、ヒトの言語やテクノロジーが便利であることに変わりはないですよね。この便利さとヒトが本来持っていた共感の力を両立させるには、どうすればいいでしょうか。

山極 答えは簡単で、**身体性を忘れずに新たな社交を作ればいい**と思います。

オンラインだけじゃ縁は作れないけれど、一度会って食事でもして、つまり身体を共鳴させた経験がある相手なら、その後のやりとりはオンラインに移行しても大丈夫だと思う。

最初からオンラインじゃダメですが、身体性が大切だっていうことを頭に入れて、テクノロジーも使った社交を作り上げればいいんじゃないですか。

鈴木　なるほど。たしかに、知り合いとオンライン会議をするのと、初対面の人とオンラインだけでつながるのとでは、まったく違いますもんね。

山極　もう一つテクノロジーを上手に利用する方法があってね。

ヒトに適した集団のサイズは150人くらいだと言いましたが、類人猿にないヒトの特徴は、同時にさまざまな集団に属したりと、集団との関係の自由度が高い点です。

鈴木　離合集散的な群れ社会。

山極　テクノロジーは、その強みを後押ししてくれるんですよ。飛行機や自動車があれば簡単に遠くまで行けるし、スマートフォンの自動翻訳を使えば、外国でのコミュニケーションもとりやすいでしょう。あるいは、インターネットによって地球の裏側の人とリアルタイムで仕事をすることもできる。

伝統的な血縁・地縁・社縁は弱まったけれど、**テクノロジーを使って新しい縁をどんどん作ればいいい**んですよ。使い方を間違うから問題なのであって。

鈴木　たしかに、そうですよね。旅行一つとっても、何かを見ることを目的とするのもいいですが、誰かに会うこと、誰かと何かを共にすることを主体として行動したほうが、いい思い出になると思います。

山極　縁を作るためには、実際に会って、時間をかけて身体を共鳴させる必要があることは忘れないでほしいね。

そして、ヒトの強みを生かして、色々な共同体に同時に属すればいいと思う。私だって、アフリカに行けばスワヒリ語をしゃべるし、英語圏では、上手くないけれど英語をしゃべる。そうやって、たくさんの集団と縁を作ってきました。もちろんジェスチャーも使ってね。

色々な自分を持てる。それが人間のいいところであり、そのために我々の言葉はあるんですから。

動物研究からヒトの本性が見えてくる

鈴木　暴走する言語に置いてきぼりになっているのは、僕ら研究者も同じかもしれないですね。

現代は過去に制約されているという話がありましたけれど、今の研究もまさにそうです。インターネットで先行研究が簡単に検索できるから、その延長線上で自分の研究をやることになる。

でも**僕がシジュウカラの研究をしていて一番興奮するのは、森の中で新しい事実を見つけたとき**。どこの本にも論文にも書いていない新しい発見の瞬間です。

そもそも、僕が今の研究にたどり着いたのも、森で鳥が様々な鳴き声を使い分けているという世界を体感したから。過去の研究から現在のテーマを見つけたわけじゃないんです。発見は自然の中にある。

山極　そう、自然は、同じことを二度と繰り返さないんです。だからこそ新しい発見があるし、そこに喜びがある。

鈴木　本当にそれがフィールドワークの醍醐味ですよね。

研究というのは、世界の真理に近づこうという探究だと思うんです。

でも実際は、動物によって世界の見え方はまったく違いますし、それを体験することはできません。僕はシジュウカラにはなれないし、シジュウカラも僕にはなれない。その意味では普遍的な真理はありません。

ですが、だからこそ、他の動物の世界を知ることで、自分たちはどういう生き物なのかという理解が深まるんじゃないでしょうか。

山極　そうですね。私たち人間も、鳥も、ゴリラも進化の産物ではあるけれど、言葉も生き方も違う。

違うんだけれど、共通点もあるのが面白い。鳥と哺乳類が分かれたのは一億年以上も前なのにね。

鈴木　動物の言語研究は、動物の世界を理解するだけでなく、僕たち自身を知ろうとする試みなのかもしれませんね。

この章のまとめ

◆霊長類の進化史をたどると、ヒトはもともと音声よりも視覚的なコミュニケーションに頼っていた種であることがわかる。

◆文字は複雑で抽象的な情報を伝えられるが、文字にならない情報をすべて切り捨ててしまう。

◆ヒトの言語には、個別の記憶をまとめて一つのストーリーにする力がある。

◆現代社会が言語に依存することで、ヒトは非言語的な情報を認識できなくなるかもしれない。

◆テクノロジーをうまく使えば、言語から切り捨てられる情報と現代社会の利便性を両立させることはできる。

あとがき

子どもの頃、私の愛読書は「ドリトル先生」シリーズであった。なかでも第1作目の『ドリトル先生アフリカ行き』は何度も繰り返し読んだ。

オウムのポリネシアに動物の言葉を教えてもらったドリトル先生は、アヒルのダブダブやブタのガブガブなどと一緒に暮らす動物のお医者さん。ある時アフリカで恐ろしい伝染病がサルたちを襲っていると聞き、動物たちと旅立って面白い冒険劇を繰り広げる。この物語は後に私がアフリカへゴリラの調査へ行く最初の動機を作った。

でも、私はニホンザルの調査をするうちに、サルの言葉はサルの生態や社会を知らなければわからないし、それは決して人間の言葉に翻訳できるものではないことを知った。ただ、人間の言葉だって突然生まれてきたわけではないし、過去にはサルたちと共通の要素をたくさん持っていたはず。それが何なのかを知りたいとずっと思ってきた。ゴリラの感性や認知能力、コミュニケーションなどの社会交渉に注目してきたのはそのためである。

ところが、人間とは系統関係が遠い鳥類のコミュニケーションに、人間とよく似た特徴があることが近年報告されるようになった。その最先端を担うのが本書で対談した鈴木俊貴さんである。

鳥類は、喉頭《こうとう》で発声する哺乳類とは違い、気管の奥にある鳴管で声を出す。なかでも鳴禽類と呼ばれるスズメの仲間は複雑で多様なさえずりをする。とくにシジュウカラ、ヒガラ、コガラなどのカラ類は生後にさえずりを学習することで知られている。

霊長類の音声が生得的で生後に変えることが難しいのに比べると、カラ類のほうがいくらでも学習可能な人間の言葉に近いと言える。しかも、鈴木さんは彼らの音声が状況依存的な感情だけでなく、はっきりとした意味を伝え、音声の組み合わせによっ

て意味を変えることを発見した。さらに、この意味を用いて同種や異種の仲間をだましていることも、野外における実験操作によって明らかにしたのである。

鈴木さんと話しているうちに、私は霊長類と鳥類の重要な違いに気付いた。それは「飛ぶ」という空間を自在に移動する能力を霊長類は持たないということである。だから、霊長類である人間の言葉は、視線やジェスチャーなどの行為とともに意味を変える。

一方、3次元の世界を素早く動く鳥類は音声そのものに大きく左右される。話しているうちに音声を使ったコミュニケーションの特徴や進化した背景がおぼろげながら見えてきて、つい現代の人間が抱えるコミュニケーションの問題にまで話が及んだ。

言葉は諸刃の剣である。私たちは日々言葉を駆使して世界を解釈し、自分の気持ちや考えを表現して多様なつながりを作っている。しかし、一方で私たちは言葉に翻弄され、誤解や疑いを引き起こし、敵意や恨みを感じたり、企みごとに巻き込まれたりして心身を傷つけている。まるで目に見えない魔物に取りつかれたように、言葉に

よって闇の世界に引きずり込まれることがある。とりわけSNSによる情報が氾濫する現代は、一国の大統領がTwitterでつぶやく一言で政治が大きく動く時代である。

いったいなぜ、こんなことになったのか。新約聖書が、「はじめに、ことばがあった。ことばは神とともにあった。ことばは神であった。」と述べるように、つい最近まで人間は言葉を持つがゆえに他の生物と峻別され、この地球の支配権を神から任されたはずであった。

しかし、現代の科学によって人間の絶対性が揺らぎ始め、人間が地球を管理するどころか大きく破壊していることが明らかになった。このまま放置すれば、人間は自らを滅ぼすことになるだろう。その原因の一端は、私たちが言葉に依存し過ぎていて、別のタイプのコミュニケーションをおろそかにしていることにあるのではないだろうか。

20世紀の前半に、ドイツの生物学者ヤーコプ・フォン・ユクスキュルは「環世界」

という概念を発表し、動物はそれぞれの感性に従って別々の環境に暮らしていることを指摘した。同じ場所にいても、ハエとイヌと人間が認識する環境は違うというのである。同時代の哲学者マルティン・ハイデッガーは、ユクスキュルの言葉を誤解して「動物は人間より貧しい世界に暮らしている」と解釈した。それは違う。動物たちは人間とは違う能力を使ってそれぞれに豊かな環境で暮らしてるわけであって、けっして人間より劣っているわけではないのだ。

カラ類や類人猿のコミュニケーションは、それぞれが生息する環境で豊かに安全に暮らすために進化した。人類の言葉も進化の歴史を反映しており、もともとは多様な環境で小規模な集団が生き延びるために発達したものだ。その機能を、人工的な環境を急速に拡大し、それに合わせた情報通信技術を駆使することによって大きく変容させた。

私たちの心身はまだSNSやインスタグラムに適応できていない。私たちの話で浮かび上がった人間の原初的で本質的なコミュニケーションを頭に描きながら、賢く言葉を使える世界を作ってほしいと思う。人間の世界を飛び出した私たちの奇妙な問答が役に立てば望外の幸せである。

山極寿一

参考文献

◆アイリーン・M・ペパーバーグ（2020）『アレックスと私』、佐柳信男訳、早川書房

◆ジョン・オールコック、ダスティン・R・ルーベンスタイン（2021）『オールコック・ルーベンスタイン 動物行動学 原書11版』、松島俊也、相馬雅代、的場知之訳、丸善出版

◆スティーヴン・ミズン（2006）『歌うネアンデルタール：音声と言語から見るヒトの進化』、熊谷淳子訳、早川書房

◆ダニエル・エヴェレット（2020）『言語の起源：人類の最も偉大な発明』、松浦俊輔訳、白揚社

◆ネイサン・エメリー（2018）『実は猫よりすごく賢い鳥の頭脳』、渡辺智訳、エクスナレッジ

◆バーンド・ハインリッチ（1995）『ワタリガラスの謎』、渡辺政隆訳、どうぶつ社

◆ファン・カルロス・ゴメス（2005）『霊長類のこころ：適応戦略としての認知発達と進化』、長谷川眞理子訳、新曜社

◆フランク・B・ギル（2009）『鳥類学』、山階鳥類研究所訳、新樹社

◆フランシーヌ・パターソン、ユージン・リンデン（1984）『ココ、お話しよう』、都守淳夫訳、どうぶつ社

◆フランス・ドゥ・ヴァール（2010）『共感の時代へ：動物行動学が教えてくれること』、柴田裕之訳、紀伊國屋書店

◆フランス・ドゥ・ヴァール（2014）『道徳性の起源：ボノボが教えてくれること』、柴田裕之訳、紀伊國屋書店

◆フランス・ドゥ・ヴァール（2017）『動物の賢さがわかるほど人間は賢いのか』、松沢哲郎監訳、柴田裕之訳、紀伊國屋書店

◆ベネディクト・アンダーソン（1987）『想像の共同体：ナショナリズムの起源と流行』、白石隆、白石さや訳、リブロポート

◆リチャード・ドーキンス（2018）『利己的な遺伝子 40周年記念版』、日高敏隆、岸由二、羽田節子、垂水雄二訳、紀伊國屋書店

◆リチャード・バーン（1998）『考えるサル：知能の進化論』、小山高正、伊藤紀子訳、大月書店

◆リチャード・ランガム（2020）『善と悪のパラドックス：ヒトの進化と〈自己家畜化〉の歴史』、依田卓巳訳、NTT出版

◆ルトガー・ブレグマン（2021）『Humankind 希望の歴史』上下、野中香方子訳、文藝春秋

◆ロビン・ダンバー（2011）『友達の数は何人？』、藤井留美訳、インターシフト

◆ロビン・ダンバー（1998）『ことばの起源：猿の毛づくろい、人のゴシップ』、松浦俊輔、服部清美訳、青土社

◆上田恵介編（2016）『野外鳥類学を楽しむ』、海游舎

◆江口和洋編（2016）『鳥の行動生態学』京都大学学術出版会

参考文献

◆岡ノ谷一夫、藤田耕司編（2022）『言語進化学の未来を共創する』、ひつじ書房
◆京都大学霊長類研究所編著（1992）『サル学なんでも小事典』、講談社
◆京都大学霊長類研究所編著（2009）『新しい霊長類学』、講談社
◆久世濃子（2018）『オランウータン：森の哲人は子育ての達人』東京大学出版会
◆幸田正典（2021）『魚にも自分がわかる：動物認知研究の最先端』、筑摩書房
◆中村美知夫（2009）『チンパンジー：ことばのない彼らが語ること』、中公新書
◆西田利貞（1994）『チンパンジーおもしろ観察記』、紀伊國屋書店
◆長谷川眞理子（2005）『クジャクの雄はなぜ美しい？』、紀伊國屋書店
◆藤田和生（1998）『比較認知科学への招待：「こころ」の進化学』、ナカニシヤ出版
◆松沢哲郎（1991）『チンパンジー・マインド：心と認識の世界』、岩波書店
◆山極寿一（2015）『ゴリラ　第2版』、東京大学出版会
◆山極寿一（2012）『家族進化論』、東京大学出版会
◆山極寿一（2012）『野生のゴリラと再会する：26年前のわたしを覚えていたタイタスの物語』、くもん出版
◆山極寿一（2022）『猿声人語』、青土社

山極寿一

やまぎわ・じゅいち

総合地球環境学研究所所長。日本モンキーセンター・リサーチフェロー、京都大学霊長類研究所助手、同大学理学研究科助教授、教授、理学部長、理学研究科長を経て、2020年9月まで京都大学総長を務める。日本霊長類学会会長、国際霊長類学会会長、国立大学協会会長、日本学術会議会長、内閣府総合科学技術・イノベーション会議議員、環境省中央環境審議会委員を歴任。2020年4月より現職。鹿児島県屋久島で野生ニホンザル、アフリカ各地でゴリラの行動や生態をもとに初期人類の生活を復元し、人類に特有な社会特徴の由来を探っている。著書に『家族進化論』（東京大学出版会）、『暴力はどこからきたか』（NHKブックス）、『ゴリラからの警告』（毎日新聞出版）、『京大総長、ゴリラから生き方を学ぶ』（朝日文庫）など。

鈴木俊貴

すずき・としたか

東京大学先端科学技術研究センター准教授。立教大学にて博士号を取得後、日本学術振興会特別研究員SPD、京都大学生態学研究センター機関研究員、東京大学大学院総合文化研究科助教、京都大学白眉センター特定助教などを経て、2023年より現職。日本動物行動学会賞、日本生態学会宮地賞、文部科学大臣表彰若手科学者賞など受賞歴多数。シジュウカラ科に属する鳥類の行動研究を専門とし、特に鳴き声の意味や文法構造の解明を目指している。英・動物行動研究協会と米・動物行動学会が発行する学術誌『Animal Behaviour』の編集者なども務める。2023年4月に東京大学にて世界初の動物言語学分野を創設。監修に『にんじゃ シジュウカラのすけ』（世界文化社）。本書が初の著書となる。

構成／佐藤 喬
イラスト／小幡彩貴
撮影／榊 智朗
写真／時事通信社、iStock、PIXTA
装幀／鈴木千佳子
DTP／飯村大樹
編集／水野太貴（集英社）

動物《どうぶつ》たちは何《なに》をしゃべっているのか？

2023年 8 月 9 日 第1刷
2024年10月26日 第9刷

著者　山極寿一 鈴木俊貴
発行人　樋口尚也
編集人　地代所哲也

発行所　株式会社 集英社
〒101-8050
東京都千代田区一ツ橋2-5-10

電話
編集部　03-3230-6371
販売部　03-3230-6393（書店専用）
読者係　03-3230-6080

印刷　TOPPAN株式会社
製本　株式会社ブックアート

Printed in Japan
ISBN978-4-08-790115-3 C0045